JN014136

治水の名言

水災害頻発、先人の知恵に学ぶ

竹林征三――著
Takebayashi Seizo

鹿島出版会

はじめに

治水の歴史は人類文明の歴史でもある。古来より、先人は洪水に対し命をかけた労苦の連続で、その過程で名言が生まれてきた。名言には一つ一つ大変な物語が秘められている。巨大災害の世紀、毎年悲惨な水害が生じている。先人が遺した名言に秘められた教訓は現在も生き生きと輝いている。

治水の歴史を紐解くといろいろな先人の名言に出くわし、なるほどとしみじみ学ばされる。それと共に近年は同じ「めいげん」でも「名」ではなく、人々を惑わす「迷」の字の方の「迷」言も次々つくられ、考えさせられる。**「めいげん」には教訓になる「名言」と人々を迷わす「迷言」がある。**

では、治水の名言とはどのようなものだろうか。ここでは、治水とは広義に解釈して水と闘い、その地の文明・文化形成に果たした人々の諸々の行為とする。洪水との闘いのほか、土砂災害との闘い、砂防や利水開田・発電等々も包含している。

名言とは、それらと闘ってきた先人の言葉で、筆者が書物で読んでなるほどと感激した言葉である。書だけではなく、現地調査で見つけた石碑の碑文に刻された名文句をメモ帳的に集めたものである。

治水事業は古来より反対運動もあり、価値観も多様である。また、対峙する自然現象も千変万化で人智をはるかに越えるものである。それと向き合ってきた治水の先人の生きざま・心意気には感動を覚える。また、自分が生涯かけて従事してきてようやく何かを悟り、後進に伝えたい等々、実に多種多様な思いがある。名言を選んだ基準は私がなるほどと感心、感動したものであり明確な基準などはない。

＊本書『治水の名言』における治水とは、現在、治水・利水・環境などと称されている洪水被害軽減を目指す行為を指す狭義の治水のみではなく、河川から農業用水・都市用水を確保する利水や舟運や水力発電をも含んだ人間社会と河川等との係わりに関する行為を包含する広義の治水を対象としている。江戸時代までは川除普請といっていた。川除とは治水のことである。河川から灌漑用水を取水し導水することに用いられる場合が多い。洪水被害の軽減のみを指すのでなく、人々の生活・文明に都合のよいように川に手を加えることを指してきた。

治水の名言　目次

第二部　治水の名言に秘められた教訓

第一部

日本の治水史に見る名言

第一章　従事した仕事より見えてきたこと

風土不二と同じように川相不二

　私は三〇年弱建設省（現在の国土交通省）で河川やダムや砂防等の現場や研究所の仕事に従事し、建設省を退職後、私が構築した風土工学の普及啓発の仕事を二〇年強してきた。

　風土工学とはその地の風土の誇りとなる土木事業を展開する方法論である。したがって、その風土の歴史・伝説や地理等を調べることが一番大切であり、全国各地の現地に赴き地元の郷土史や神社仏閣等や石碑を調査してきた。そして、その経験からいろいろなことが見えてきた。

　各地の風土（歴史・伝説・地理等）は同じものが二つとない。風土は不二である。川はそれぞれが全く違う様相をしているものである。人に人相があるように、川にも一つ一つ個性があり、「**風土不二**」と**同じように**「**川相も不二**」なのである。

　各地で最も多い災害は何といっても洪水による水災害で、実に多くの治水に命をかけてきた先人の事績が残っている。事績や歴史書には記されていないが、伝説等で伝えられているものも多い。

伝説の方が真実を伝えている

歴史書よりも伝説の方が真実を伝えていると感じる場合が多い。敗者は歴史書を書き残せないが、伝説は後世に伝えたいとの敗者の大変な思いが感じられる。

歴史書にはどうも本当のことはあまり記されていないように思う。なぜなら、歴史とはそもそも勝者が書き記したもので、自分たちを正当化するために書き残したものだからだ。敗者はいくら山奥へ隠れても追手が来るため、記録を書き残せないが、伝説が残ったのだ。例えば、平家の落人伝説である。伝説の方が真実を伝えている場合が多いように思える。

最大最古の歴史は治水の歴史

いろいろな歴史の中で人類最大・最古の歴史は治水の歴史である。

現在、治水技術は画期的に進んで、巨大災害の一つである水害等でも死者数が劇的に減少してきた。これは治水事業の成果である。治水事業は確かに進んできたのだ。

北朝鮮の核兵器の歴史を見てもわかるように、技術の歴史は良きも悪しきも失敗の反省と事故を克服して進歩・発展してきた。しかし、治水技術の歴史には失敗や事故については、ほとんど書かれていない。不思議である。

治水の歴史は不思議な歴史

明治以降も治水の歴史には不思議なことに、事故や失敗の記録が残されていない。

明治以降は、『○○川百年史』、とか『○○川改修史』、『○○ダム建設誌』等が多く編纂されている。しかし、事故や失敗のことは、ほとんど記されていない。

明治以前、各種書物にも災害や堤防築堤の話は書かれているが、事故や失敗の話はほとんど、どこにも記されていない。それはそうだ。書いているのは役人たちなので、自分たちに都合が悪いことは書き遺すはずがない。治水の歴史は技術の歴史の中で特筆すべき不思議な歴史なのだ。

治水の歴史は系譜が繋がらない

治水の歴史は系譜が繋がらない。都合の悪いことは歴史から抹殺されている。

各地に各様の治水の歴史がある。富士川では武田信玄の甲州流治水、肥後・熊本では加藤清正の治水、関東では伊奈流の治水、紀州流治水、等々。しかし皆それぞれ独立していて、風土不二で同じような話は他の河川にはない。他の河川とは関連性がない。したがって系譜が繋がらない。

その理由の一つが、治水の事故・失敗が歴史から抹殺されているからである。このことは現在も同じようである。

例えば、石見銀山や佐渡金山で有名な鉱山師・大久保長安が全国を股にかけて治水に貢献した功績などは、歴史から完全に抹殺されている。

僧侶の利他行の治水

しかし、行基を始めとする僧侶による治水は全国に伝わっている。全国に伝わる僧侶による治水には共通点がある。

治水の動機・目的は世のため人のためで利他行である。

治水の心は同じ思いで繋がっている。全国各地に治水の貢献者の頌徳碑が多く建立されている。そこには、中国の神話の治水の神様である禹王（文命）の事績に勝るとも劣らない、禹王の治水に匹敵する、などと記されているものが多い。一見何の繋がりもないと思える各地の治水も、禹王の治水の精神、心と同じということでは繋がっている。

治水の神様

日本各地の神社の祭神を見ると、日本の神話の八岐大蛇伝説の治水の神様・素戔嗚尊（須佐之男命）を祀っているものが多くある。日本の神々の治水の心が伝わっている。

東京都や埼玉県に多くある氷川神社の祭神を調べると、八岐大蛇の治水伝説が浮かびあがってくる。

素戔嗚尊は男体社（大宮氷川神社）に、奇稲田姫は女体社（氷川女体神社）に祀られていて、簸王子社（中山神社）には大己貴を祀っている。また、奇稲田姫の両親の脚摩乳（足名椎）、手摩乳（手名椎）は川越氷川神社に祀られている。まるで素戔嗚尊の八岐大蛇退治の治水伝説そのもののように思えてくるではないか。八岐大蛇伝説は山陰の斐伊川ではなかったのか？　しかし遠く離れた首都圏の荒川の治水とも繋がっているのだ。

第二章　治水意識の芽生え

国家の歴史は治水神話から

中国・国家成立の神話は治水神・禹王の伝説から始まる。対して、日本の神話は八岐大蛇伝説の素戔嗚尊の治水が重要なパーツを占める。

大蛇は洪水のたとえであり、素戔嗚尊の大蛇退治とは、素戔嗚尊が洪水から人々を救うために行った遊水地や堤防等の治水事業を意味している。八岐大蛇とは八つの支川からやってくる洪水であり、毎年決まったシーズンにやってくる洪水のたびに丹精込めて耕した田畑・稲田は崩されてゆく。奇稲田姫は田畑・稲田を指しており、大蛇の腹は血だらけという表現は、砂鉄で川底が赤濁していることを表している。素戔嗚尊のつくった八つの酒樽とは八つの遊水地のことである。

日本書紀第十一の仁徳天皇の条に茨田堤（まむたのつつみ）の強首（こわくび）と衫子（ころものこ）の絶間（たえま）伝説が出てくる。日本最古の堤防が淀川左岸の茨田堤であり、絶間とは破堤箇所のことである。強首と衫子の伝説は淀川左岸の洪水での破堤伝説で、破堤箇所の修築にあたり強首が人柱になり、衫子が人柱になることを免れた物語である。太間（たいま）（寝屋川市）という地名は堤防破堤の絶間が由来である。

人柱伝説の治水・命より大切な堤防

人柱伝説のうち半分くらいは、自分から進んで世のため、人のために人柱になっている。人命は何よりも大切とはよくいわれる言葉・名言である。こうした自分から進んで人柱になった人は、**自分の命より堤防の築造の方がはるかに大切だ**と判断している。

治水の神・禹王は人柱にはなっていないが、自分の身体や家族のことより、人々のために治水に命をかけて働いた。世界の歴史では人身御供で神様に血の滴る人の肉を捧げる話はあるが、堤防工事に人柱を捧げる伝説は恐らく日本特有ではないだろうか。

人柱伝説はあくまでも伝説であって、実際にあった話ではないのではないか、という人が多くおられる。だが越後の猿供養寺の人柱伝説の地では昭和十二年に大甕に入った推定年齢四十歳前後の男性の人骨が出てきた。伝説の通りである。人柱伝説の残る那賀川の黒土手でも実際に人骨が出土している。

杓底一残水・汲流千億人

曹洞宗の本山・福井の永平寺の参道に有名な文字「**杓底一残水・汲流千億人**」が左右の石柱に

永平寺の参道（福井）

刻されている。これは「正門当宇宙・古道絶紅塵・杓底一残水・汲流千億人」の五言絶句の下の二句で、道元の教え「**半杓の水恩**」の意味を第七十三世熊沢泰禅禅師が書いたものである。柄杓で飲んだ後、その底の残水を無造作に捨てないことで流れができ、下流の一千億人が汲んで貴重な飲み水になる。水は人間にとってなくてはならない大切なもの、粗末にしてはならないという教訓である。

実に素晴らしい名言である。台地や平地は水さえあれば豊かな美田に生まれ変わる。しかし少し日照りが続き、降雨が少なければ田畑は実らず、凶作になるため、全国各地に雨乞い伝説が伝わっている。我田引水という言葉もあるように、百姓はこぞって川から水を引き、渇水時にはわずかな水をめぐって水争いが生じ血の雨が降った。それを解決したのが狭山池を築造した行基や満濃池を修復した空海・弘法大師等の僧侶である。

全国各地で農業用溜池をつくった先人が神様として祀られている。仏教の僧侶だけではない。岩手県の胆沢扇状地にキリシタンの後藤寿庵のつくった寿庵堰がある。この地を訪れた宣教師は、この地は「**まるでアラビアの砂漠だ！**」とローマ法王に報告している。今は寿庵堰等で水が行き渡り、砂漠が美田に生まれ変わった。

甲府盆地の西、御勅使（みだい）川の扇状地・原七郷は「**月夜にも作物が焼ける**」といわれるほど、干ばつ常襲地帯であったが、その後、徳島堰をつくり釜無川の上流から水を引いてきたので、桃源郷に生まれ変わった。

堤内地と堤外地

氾濫常襲地帯では人々は自然堤防上や山際等の微高地に集落を形成し、氾濫原で耕作するというかたちをとった。生活の場として**輪中堤**（わじゅうてい）を築いたのである。まさに先人の知恵である。毎年洪水でやられると、少々の洪水では崩れない堤にしたいとの思いが強くなるのは当然で、堤防の築堤・治水の要請が発生するようになる。

河川のことにあまり縁がない方がビックリ、勘違いされるのが「堤内地」と「堤外地」の言葉である。

現在では感覚的に堤防の内（中）とは水が流れている方だと思ってしまうが、堤内地とは人々が住居を構えている方である。現在は治水事業による大きな堤防で川の流水を閉じ込めたから、そう思うようになってしまったのである。もともと広い平原では、河川が氾濫で暴れまくって、人間は洪水に怯えて生活していた。広い氾濫原野のヌシ・主人公は暴れる洪水の流れであり、人々が氾濫原野の狭い微高地をグルッと堤防で取り囲んだのが輪中堤の村々である。

左右岸・上下流の対立

昔より対岸が切れれば万歳。「治水は決河にあり」即ち「村を守るために、決死の覚悟で対岸を切る」といわれてきた。

決河とは「態と切り」のことである。これは名言である。

洪水流は低い出口に向かい怒濤の流れになり、一番の弱点箇所で堤防を破壊する。一箇所破壊すれば、そこへ怒濤の流れが押し寄せ、切れ口はみるみる拡大する。そして地面が深く掘れてその跡は窪地となり**切れ所沼**として残る。

関東地方の荒川では堤防の内側に多くの釣り堀がある。大抵はかっての切れ所沼の跡である。熊谷市に星渓園という名庭園があり、その中心は玉ノ池である。それも昔の切れ所沼の跡である。こちらは、現在、星川の水源になっている。

どこか一ヵ所で堤防が切れると、その対岸等は一気に破堤の危険性が低くなる。そのため、切れ所の対岸では安全になってホッとして、万歳の声が自然と沸きあがる。

三郷市の戸ヶ崎香取神社に伝わる「三匹の獅子舞」の演目に「太刀懸かり」というのがある。これは文化四年（一八〇七）の大洪水のときに、対岸の桜堤を切らなければ多くの村人が洪水の被害を受けるという事態に至り、白石茂平と岩蔵の兄弟が真夜中に小船に篝火を焚いて三匹の獅子頭をつけて桜堤に向かった。警戒中の役人がそれを見て驚き逃げ去っているうちに、二人は対岸の土手を切り開き村人を救った。その際二人は濁流にのみこまれ、帰ってくることはなかった。

村人を救った茂平と岩蔵を供養するため、二人の名前から一文字ずつをとって「茂岩不動尊」をつくり祀ると共に「三匹の獅子舞」の演目にその様子を取り入れ、長く語り継いでいる。

人類文明は河川の賜

エジプトはナイルの賜といわれる。四大文明もすべて大河の恵沢により育まれてきた。メソポタミア文明はチグリス・ユーフラテス川、インダス文明はインダス川、黄河文明は黄河のほとりで育まれてきた。

明治維新以降は東京が日本の都、首都である。だが、それ以前はすべて淀川水系の川のほとりである。応神天皇の大隅宮や仁徳天皇の時代から明治天皇の東京遷都一八六八年まで約一千数百年間、日本の都は大阪・奈良・京都の川のほとりであった。奈良は現在大和川水系であるが、大和川の付け替えを行った一七〇四年以前は大和川も淀川の一支川であった。そうすると、**日本文明は淀川の賜**ということになる。

天下三大不如意

『平家物語』の巻一には白河法皇が「**賀茂川の水、双六の賽、山法師、是ぞ、わが心にかなわないもの**」と嘆かれたという逸話がある。加茂川の水とは古来氾濫を繰り返す暴れ川として知られた加茂川・鴨川がもたらす水害・天災のことである。双六の賽（サイコロの目）とは六分の一の確率の世界である。山法師とは、日吉山王社の神輿を担いで都に雪崩込み強訴を繰り返した比叡山延暦寺の僧兵のことである。「天災」と「確率」と「延暦寺」に対して打つ手もなく苦悩する白河法皇の姿を表現した名言である。

鴨長明の『方丈記』は「**ゆく川の流れは絶えずして、しかももとの水にあらず。よどみに浮かぶうたかたは、かつ消えかつ結びて、久しくとどまりたるためしなし**」から始まる。世の中の激しい移り変わりを河川の流れの比喩で表現した名文句・名言である。『古今和歌集』にも「**世の中は何が常なる飛鳥川昨日の淵ぞ今日は瀬となる**」という名歌があり、世の中や人の心が絶間なく移り変わることを、飛鳥川の流れに喩えている。

禁忌・犯せば祟り

「**大自然がつくった治水の要所がある。そこを削ると上流と下流のバランスが崩れる。そこは絶対に触るな・削るな。この言を守らなければ、祟りがあるぞ**」

としかるべき徳の高い僧侶が宣言すれば、みな従った。これは河川を治めるうえで重要な名言である。

瀬田川（滋賀県）の左岸の大日山を切ってはならぬ、と行基が大日山を御神体とした。切れば祟りがある。切れば上流は助かるが下流は洪水被害が頻発することになる。

甲府盆地では、「**できない話は禹之瀬の開削**」として「甲府盆地三大不可能話」の筆頭に位置付けられている。禹之瀬を開削すれば下流に洪水が押し寄せて困るので、不可能とあきらめてもらうねらいである。

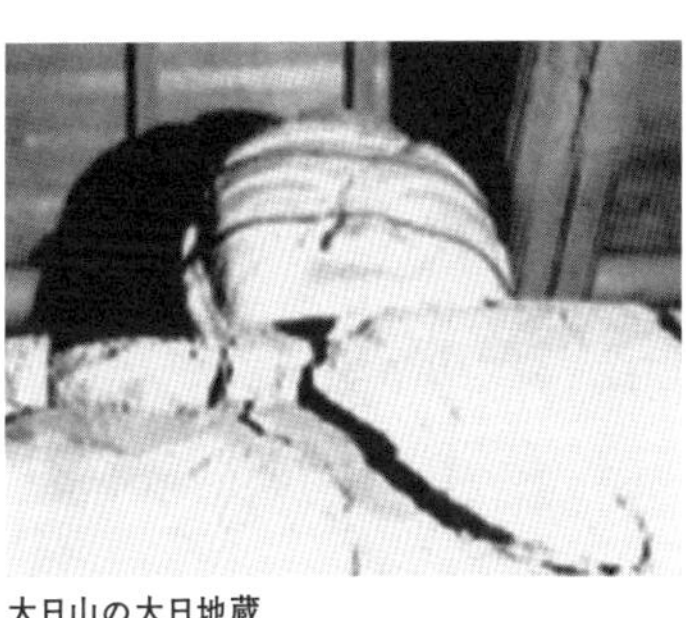
大日山の大日地蔵

佐賀平野の低平地に伝わる、成富兵庫茂安の「**カンスのツルは切ってはならない**」も同様である。「カンスのツル」とは鉄瓶のグルっと丸い取っ手で、大きな蛇行の連続を指している。蛇行部が塩水遡上を食い止めているので、これを切れば取り返しのつかない大変な塩害が起こる。「ショートカットしてはならぬ」は治水の基本を教えた名言なのである。

第三章　戦国時代の武将の治水・治水事業の発展期

富士川の治水・武田信玄の甲州流川除法

「人間に人相や手相があるようにどの河川も一つとして同じものはない、他にない強烈な個性・川相がある」と名著『河相論』を著したのは旧内務省の富士川改修所の初期の頃の所長を務めた安藝皎一（あきこういち）である。富士川の強烈な個性とは、①日本最高峰の富士山や南アルプスの北岳を水源として、日本で一番深い湾・駿河湾に駆け下る急流河川である。②富士川は河口の富士市でも中流河川の特徴である扇状地河川であり、下流河川の特性である三角州がない。③富士川の最大の都市・甲府市はかつて大湖水であって、そこに流入する諸河川から大量の土砂の堆積が繰り返されて埋没し陸化した。その名残で大変な水害の常襲地帯である。その富士川の川相を的確にとらえて世界に類を見ない独特な河川工法として甲州流防河法を編み出したのが武田信玄である。

甲州流治水の奥義を一言で表現すれば、河川の流勢を利用して河川を制する。**「水を以て水を制する」**知恵である。

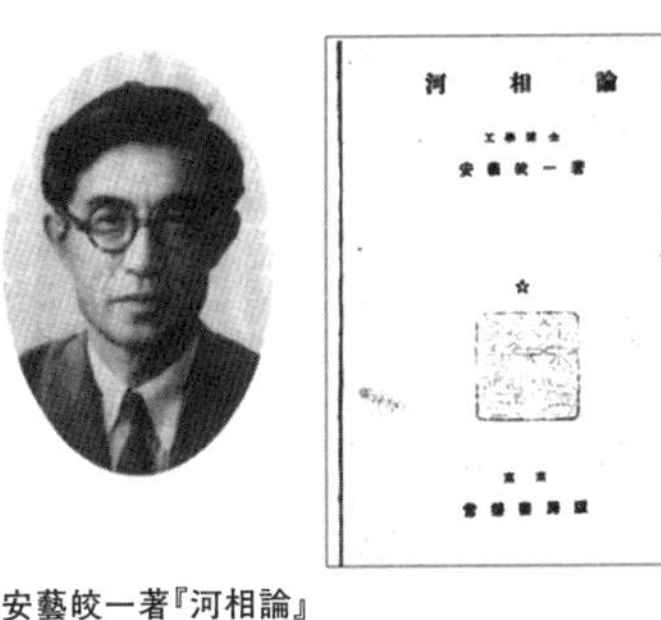

安藝皎一著『河相論』

信玄の軍旗は「風林火山」である。風林火山は『孫子』の「軍争篇」に出てくる言葉である。「其疾如風、其徐如林、侵掠如火、不動如山、難知如陰、動如雷霆」からとっている。信玄は『孫子』の兵法書他中国の古典から多くのことを学んでいる。『孫子』の兵法には「水は地に因りて流れを制し、兵は敵により勝ちを制す」、「満を以て之を決すれば、地形に寄りて流れを変じ、その勢いのまま全てを侵す、兵もまた此の如し」（水攻めの極意である）、「**水の形は高きを避けて下きに趨き**、兵の形は実を避けて虚を撃つ」、「**兵に常勢なく、水に常形なし**」等々が記されている。甲州流治水や水五訓の知恵の源となっている。

信玄は甲府盆地の治水の要所として、甲府盆地の西の釜無川と御勅使川の合流点と甲府盆地の東の笛吹川の扇状地の扇頂部の万力林に着目した。

▼甲州流治水技術・釜無の信玄堤と笛吹の万力林そして雁堤

武田信玄は釜無川に流入する諸河川の中で一番の暴れ川の御勅使川を治める何段構えもの治水諸戦略を考えた。合流点を上流の断崖の高岩へ移し、そこで御勅使川の激流を衝突させエネルギーを減殺させて、その後、相当弱められた洪水を霞堤といわれる不連続堤防で逆流させ一時的に貯留させ、洪水位が下がればもとに戻す。非常に合理的なシステムである。霞堤とは、堤防を連続して築かず、不連続でしかも一部重ね合わせるようにした堤防をいう。世界でも類を見ない、武田信玄の独創の知恵である。

信玄は天文十一年（一五四二）の洪水の跡をつぶさに調べ、高岩の高台から御勅使川と釜無川の洪水流を観察してこの数段構えの洪水処理システムを考えついたと想像される。

一方、笛吹川の扇状地の扇頂部には万力林と称する広い水害防備林をつくった。以降、万力林の伐採を固く禁止した。甲府市の中心部に向かう洪水流を食い止めるのである。釜無川の信玄堤と対の関係である。盆地全体の治水戦略を周到に計画したことがわかる。

また、富士川では下流の富士市扇状地の扇頂部に雁堤と称するW状の特殊な堤防が江戸時代初期、元和偃武の時代に代官の古郡孫太夫重高・重政・重年の三代により五十〜六十年の歳月をかけてつくられている。

富士市ではこの扇の頂部から洪水のたびに氾濫し、流れが右に行ったり、左に行ったりと定まらなかった。そのため富士市全域が洪水氾濫の常襲危険地であった。このW状に屈曲させた堤防は、その内側を遊水地として洪水流を一時的に貯えてその勢いを和らげ、洪水の流れを扇状地で唯一の大巨石岩体である**水神の森**にぶつけてエネルギーを減殺する効果をねらったものである。

信玄堤、万力林、雁堤に代表される治水事業は数百年を経た現在もなお現役の治水施設として役に立っているのである。

その理由として次の四点が挙げられている。①この治水技術は富士川の洪水の特性・川相をよく理解してつくられている。②それぞれの治水計画が考えられるあらゆる点を考慮した総合的見地から練られている。③住民が治水に真剣に協力できるように配慮されていた。④住民が何百年も先人の治水工法を大切に守ってきた。行政も住民も絶えず努力してきた。

加藤清正・成富兵庫茂安の治水

▼「加藤清正の治水五則」

加藤清正は数々の戦いを切り抜けてきた名武将である。清正は肥後に天正十六年（一五八八）に入国し、数々の偉業を成し遂げ熊本の基礎を築き、「せいしょうこう」さんとよばれ県民最大の英雄とあがめられている。その最大の偉業が治水事業である。清正は治水の名人中の名人である。清正には治水の名参謀・大木兼能がいた。越中の治水の知恵を肥後の地に当てはめたのが肥後の治水である。清正の残した「治水の五則」がある。実に素晴

谷川健一編
『加藤清正 築城と治水』

らしい名言である。

一、**水の流れを調べるとき、水面だけでなく底を流れる水がどのようになっているのか、**特に水の激しく当たる場所を入念に調べよ。

一、**堤を築くとき、川の流れに近いところに築いてはいけない。**どんなに大きな堤を築いても堤が切れて川下の人々が迷惑する。

一、川の塘や、新地の岸などに**外だけ大石を積み、中は小石ばかりという工事をすれば風波の際には必ず破れる。**角石に深く心を注ぎ、どんな低部でも手を抜くな。

一、**遊水の用意なく、川に水を早く流すことばかり考えると、水は溢れて大災害を被る。**また川幅を定めるときには潮の干満、風向きなどもよく調べよ。

一、**普請の際には、川守や年寄りの意見をよく聞け。若い者の意見は優れた着想のように見えてもよく検討してからでなければ採用してはならぬ。**

このように、清正の「治水の五則」には治水の心が余すところなく伝えられている。清正は治水工事にあたり、まず自然現象としての河川の水理を徹底的に現地調査し、その結果に基づき、水に逆らうのではなく、水をうまくなだめるやり方で綿密な治水計画を立てるというプロセスを踏んで着実に進めていった。

清正は領内各地の河川改修に大きな実績を残している。自ら陣頭指揮して工事にあたり、独特の多くの治水技法を編み出している。清正の編み出した治水の知恵を見てみると、**高水敷遊水地・轡塘**（くつわども）、河道の付け替え分流の知恵「**背割り石塘**」、河川から用水を取り入れる斜めに横断する斜堰、水流がぶち当たる水衝部には「**石刎ね**」技術、土砂流を堆積させずに流す「**ハナグリ井手**」、強度の求められる堤防には、二重の石垣堤防「しばしがね」、等々。実に独創的な知恵に驚く。

▼佐賀の低平地に治水の名人・成富兵庫茂安の遺言

「**石井樋かけかえるな、カンスのツル掘りきるな**」という名言がある。石井樋は嘉瀬川の扇頂部に設けた成富兵庫の知恵の結集・最高傑作の分流システムである。

佐賀平野は水との戦いの大変な宿命を背負わされた土地である。ここには、治水上の五つの難課題がある。

一つ目は、江湖の存在である。これは、はっきりとした水源をもたない短い水路のことである。有明海の六メートルの干満差による影響を直接受ける。

二つ目は、佐賀市より東の川はすべて筑後川の支流であり、支流の中小河川と大河川・筑後川の洪水が有明海の満潮の影響を受けるため、洪水の常襲地帯となっている。まるで裸で筑後川の暴威にさらされているようなかたちである。

三つ目は、佐賀平野の西に流れる嘉瀬川は砂礫運搬量の多い川で大扇状地と天井川化が進み、洪水時流路変遷を繰り返してきた。

四つ目は、下流の低平地の海水と淡水の接触部に、時には東から西、時には西から東に流れ、時には用水路、時には排水路となるクリークが存在する。

五つ目は、佐賀平野の海岸寄りの広大な土地は、六メートルの干満差のある有明海の干拓によりつくられたばかりの土地である。

これらの治水の難課題を解決するには五つの課題をバラバラに切り離すのではなく、その間の相互関係を治水と利水の両面、用水と排水の両面、洪水の水と土砂の両面からバランスが取れたシステムとしてとらえる深い知恵が求められている。成富兵庫茂安はそれを成し遂げた、まさに水の神様の技である。千栗(ちりく)土居という堤防には中心部に〝はがね〟を取り入れた設計をしている。最新のフィルダム技術の粋を設計している。「はがね」とは、フィルダムの中心部の粘土分の多い難透水性の遮水ゾーンをいう。

石井樋や井手を改修しようとすれば「神様がつくったものに手を加えると罰が当たる」と農民たちがいうという。石井樋をつくった成富兵庫茂安は神様に祀りあげられている。

尾張名古屋は城で持つ・御囲堤防

「伊勢は津で持つ、津は伊勢で持つ、尾張名古屋は城で持つ」。伊勢音頭の文句は、徳川御三家の権威を示すものだと思う。

水戸徳川家は家臣が無能でも殿さまが優秀、紀州徳川家はその逆、尾張徳川家は両方ともダメでも城は立派。金の鯱がその権威の象徴。加藤清正につくらせた平地の城・平城である。

そこで木曽三川の集まるところ、西の養老山脈まで数キロメートルしかない漏斗の出口のようなところ、すべての洪水が集まるところにあるこの城が、絶対に洪水で壊されないようにするため、「**美濃の堤は御囲堤より三尺低き事**」という御囲堤防を家康は伊奈忠次につくらせた。東海道もこの木曽三川で分断され、橋もない。桑名から熱田まで七里の渡しを船で渡る。三尺高ければ洪水は必ず堤防の低い美濃側で氾濫する。城のある尾張側は大丈夫だが、美濃側はたまったものではない。「**悪夢のような三百年**」が始まった。

伊奈流の治水というが、確かに徳川幕府の権威の象徴である名古屋城を守るという意味では治水である。だが、美濃側の多くの民がそのことにより多大な水害の犠牲を強いられることに対しては一切配慮がない。伊奈流の治水のシンボルである利根川東遷や荒川西遷については、もともとの河道があった広い低平地は沼沢地で人家や田畑はないところ、そこからやや微高地へわざわざ付け替える意義は、治水が目的ではないことは明白である。不毛の沼沢地を新田開発するのが目的である。洪水の遊水機能があった沼沢地が美田に生まれ変わったら、それからは逆に美田を洪水から守らなければならない地域に変わる。

▼伊奈流治水・四刻八刻十二刻

中部地方の中心は濃尾平野である。ここでは、三つの大河が下流部で合流する。越美山地を水源とする揖斐川、飛騨山地からの長良川、そして木曽谷から流れ来る木曽川の三川である。この三川は、合流部で氾濫を繰り返していた。下流部の人々は大雨が降ってから洪水がやってくるまでの時間を「四刻八刻十二刻」といっていた。これは、一刻は約二時間なので、揖斐川は八時間後、長良川は十六時間後、木曽川は一番奥が深いので二十四時間後に洪水がやってくるということで、これを目安として輪中の人々は一階から二階へと避難をする準備を始めていた。

洪水を見る百姓の目

『百姓伝記』は百姓にとっての知恵・諸々の事が書かれた農業技術書である。その著者が誰かは不明であった。『百姓伝記』巻七「防水集」は江戸時代の治水の教科書で、全巻の中では異色である。これには治水の真髄が多く書かれている。筆者は、『百姓伝記・防水集』が伊奈流治水の奥義・秘伝書ではないかと考えているが、その中に以下のようないくつもの治水に関する名言がある。

・『百姓伝記』巻七「防水集」二章「大河に堤をつく事」より、

「大小の堤によらず宝土をまふける事。ねば真土・へな土を上とせよ。小石まじりのいろいろ

岩波文庫『百姓伝記』

真土・二番。砂まじり真土・三番。小石・小砂四番、黒ぼく土・ぼう砂を用いては大堤もたもつことなし、されどもつきようによるべし」

築堤土砂の浸透性能の良否について述べている。土質力学の基本である。ねば土とは粘土、へな土とは水底に溜まった粘土を多く含んだ黒い土。黒ぼく土とは火山灰土である。

「堤・井溝・川除普請は世に耕作始まりし上代より、このかた、土民の役たり、末代も猶油断ありては子々孫々、水災にあふべし」

「洪水たりとも、半日か一日の大雨にて、満水多かるべし。大雨・大風の二日を過ぎたる事なし。二時(トキ)、三時を防ぎ、かこへば引水(ヒキミズ)となる」

昔の洪水は確かに二日以上続くものはなかったかもしれないが、近年の大洪水はこれまでなかった三日も四日も降り続く豪雨によって引き起こされる場合もある。

新田開発は治水の敵

徳川幕府は新田開発を主目的とし、河道を付け替える事業をした。治水のためではない。なぜ一番低いところを流れていたものをわざわざより高い危険な位置に大土工事をしてまで付け替えたのか。それは低いところを広い新田として開発したいからである。やや高い位置に付け替えることにより、新しく生まれた新田に用水を自然流下で補給しやすくなる。そして、かつての一番低い位置は河道を大幅に狭めて排水路とする。実に理屈が明確である。新田開発は洪水被害軽減のための治水とは逆である。

▼熊沢蕃山の治山・治水の知恵

熊沢蕃山は治山・治水のための河川改修には知恵を出すが、**新田開発すれば洪水被害が激増するので新田開発は治水の敵**、逆だとして一貫して強く反対していた。蕃山はまた「**諸国の川堤の普請は飯上の蠅**（はえ）**を逐**（お）**が如し**」と泥縄式の河川行政を批判し、山河の理を繰り返し繰り返し、説いた。蕃山はこのほか、以下のような名言を残している。

「**うきことの猶この上に積もれかし　限りある身の力試さん**」

「**よく学ぶ者、人の非を咎むるに暇非ず**」

「**山林は国の本なり**」

「**人みて良しとすれども、神見て善からずということはなさず**」

徳川幕府は新田開発に協力する伊奈流は大切に保護するが、洪水軽減のための砂防や熊沢蕃山の治水は目の敵にする。熊沢蕃山の考え方は、水害被害を軽減するためには山地の荒廃による土砂流出を止める砂防が重要で治山・治水は一体であるとする。山すその新田開発は土砂流出が増える。さらに、下流の新田開発は遊水機能で大きな役割をしていた沼沢地がなくなり、反対に治水で守らなければならない地になる。新田開発は、治水の敵だと蕃山は一貫して反対することになる。対する伊奈流の治水は上流域の土砂生産の抑制のための砂防など一切興味ない。

大久保長安の治水

河川の歴史に関心のある方でも大久保長安が治水をしたことを知っている方はほとんどいない。何故か。大久保長安は金山・銀山開発の功労者だが、その功績も含め、一切は徳川家康により抹殺されて、世の中から消されてしまったので、大久保長安の治水というものが後世に伝わっていないのである。長安は甲州黒川金山開発で武田信玄に仕え、武田家滅亡後家康に仕えた鉱山師である。八王子の代官となり都市計画や治水を行った土木技師でもある。

大久保長安は鉱山開発の富で巨大な権力を手に入れ、家康が駿府城で隠居後は家康の側近ナンバーワンとなった。ところが死の数日後、生前に徳川幕府転覆の陰謀を企てていたと思われることを長安の政敵が家康に告げたことにより、墓に埋められた遺体は掘り出され、長安の七人の子息は皆安倍川の河原で公開処刑された。長安に近い部下たちも次々抹殺された。したがって長安の事績はほとんど謎だらけになってしまった。長安が携わったと考えられる治水は富士川の信玄堤、多摩川支川浅川の石見土手、酒匂川の治水、安倍川の薩摩土手、木曽三川等々、全国各地に伝わっている。石見とは長安の官位・石見守のことである。

お手伝い普請と義人の治水

▼お手伝い普請

大災害が生じたらどうするのか。宝暦治水と寛保二年洪水等で見られるようにお手伝い普請が命ぜられた。

寛保二年の大災害時、大災害で年貢が減るのは困る。その意味では早急に災害復旧をしなければならないが、幕府は一切負担せず、お手伝い普請で外様大名に災害復旧の負担を押し付けた。外様大名はその出費で困窮する。外様大名の力が減る。幕府にとっては一石二鳥の効果があった。

共同墓地の地蔵菩薩
（大阪府羽曳野市）

▼義人の治水

大阪府羽曳野市の共同墓地の入り口に高さ一・八メートルの地蔵菩薩が建立されている。その後背部に「**お手とお足はお江戸に御座る、首は多治井の野沼塚**」という文句が刻されている。この文句に、一度聞けば忘れられないほど、大変な深い感動を受けた。

野沼某は村人を救うために御法度の直訴をして首をはねられた。江戸で処刑された野沼某の首を地元の人が貰い受けて、多治井に首塚をつくった。いつの頃か首塚がなくなり、代わりに地蔵が祀られるようになった。

▼八十三人磔刑・命より水・死を選ぶ

西宮市の鳴尾に「義民碑」が建立されている。天正十九年の大干ばつ時隣村と水争奪の大乱闘が生じ、関係者五十一人が大坂で磔刑となり命を落とした。うち鳴尾の二十五人は義民として慰霊されている。そのときに「**水を得んと欲すれば、即ち死を免れず、死せずば水を得ず**」という名言が残されている。**住民は命よりも水、つまり死を選んだ**。十三歳の子供も磔刑で命を落としている。

日本の治水の歴史を調べていると、全国各地に驚くほど多く治水の義人・義民の話が伝わっている。共通していえることは、そのほとんどは地元の庄屋等世話役で人望ある人々である。何度も何度もお上に許可を得るべく陳情を繰り返し、許可される見込みがないと、死を覚悟して堰や樋等を仕方なく無許可でつくっている。その結果、お上の裁きを受け、家族全員死罪、家財すべて没収という厳しい処分が下される。なおつくった堰・樋等は役に立つのでそのまま存置を許す。さらには、地元の百姓衆が自分たちのために犠牲になった庄屋さんを慰霊供養したくても、墓をつくることも一切禁止されており、役人の目を逃れ内密に百年、二百年と何代にもわたり皆、慰霊供養を続けてきて、明治になりようやく墓や頌徳碑等を建て慰霊、感謝、報恩の祭り等を始めている。

農民が水害で困窮して洪水軽減の治水事業を命がけでお上に御法度の駕籠訴をしようが、幕府としては一切実施しない。何故か。治水は左岸がよければ右岸が悪くなる。上流がよければ下流が困る。ということで関係する地域のすべての同意がなければ動かない。全関係者の同意が取れることはない。もし取れたとしても、次は自普請で行うという条件を付ける。要は基本的に農民が水害でいくら困ろうが一切動かない。農民からの年貢が減ることについては、五人組等地域の共同責任として工夫させる。農民は自分たちの田畑は自分たちで守るしかない。できるだけ水害被害を受けないように盛土や、輪中堤防をかさ上げする等工夫をする。

紀州流治水の敗北宣言

▼紀州流治水の始祖・大畑才蔵の名言「普請の仕事に手品はいらぬ」

この言葉の意味は正確な測量結果と仕事量の歩掛に基づき工事指示書をつくっているということである。

紀州で数々の治水の功績を残した井沢為永が徳川吉宗と共に江戸に入り、紀州流治水を全国のいくつかの河川で実践し広めだしたのが享保七年(一七二二)。治水事業の総元締めとして享保十六年三月に甲州に入った為永は甲州代官に対し次のような調査を命じた。為永が実践指導した紀州流治水のお膝元では、近年大規模な工事を施して頑強な堤防を築いているにもかかわらず、洪水によって破堤してしまう。維持費も非常にかかっている。それに引き換え甲州ではそのようなことは聞かない。甲州では何か知恵があるに違いない。その理由を甲州の農民より聞き出して報告せよと。その報告書が石和の八田家に伝わる『川除口伝書』である。同書によれば「洪水の作用を上水（うわみず）と下水（したみず）に分ける。上水は盛土部を浸透してくる水であり、下水は盛土部の基礎地盤を流れてくる水である。**急流河川では上水で破堤する、平地の河川では下水で破堤する**」と看破している。大変画期的なことである。

丈夫な堤防も「**浪の上の船の如し**」と表現している。**液状化により破堤**することを看破した名言である。長良川河口堰についての論争が盛んだった当時の海津町長・伊藤光好さんが長良川について「**普段あんなに頑丈そうな堤防も洪水で水位が上がれば、長靴がズボズボと入る。ブルブル震えている。実に堤防は頼りなく恐ろしい。一センチでも二センチでも水位を下げてほしい**」と切々と訴えていた。「浪の上の船の如し」と同じことをいっている。実に学ぶべきことの大きい名言である。

▼「**千丈の堤も蟻の一穴から崩れる**」

頑丈そうな堤防も蟻の穴から崩壊する。名言である（出典は『韓非子・喩老』）。

地方(じかた)巧者の治水

実に多くの先人が災害の宿命を負った郷土を豊かにしたいと治水のために闘ってきた。全国各地にその歴史が刻まれている。

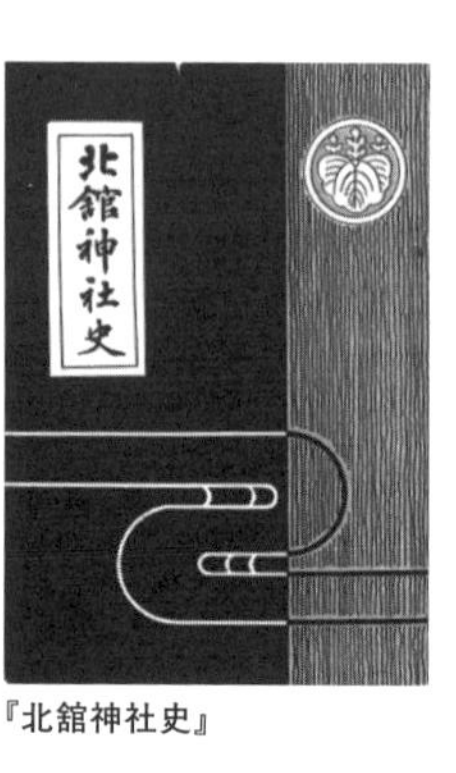

『北舘神社史』

▼北舘神社の祭神・北楯大学助利長の名言

山形県東田川郡庄内町に山形藩最上家家臣の北楯大学助利長を祭神とする北舘神社がある。慶長十七年（一六一二）利長は庄内平野東部一帯の灌漑のための大用水路を建設した。

利長は最上義光の信任を得て工事にあたるが、幾多の難工事に直面した。そのたびに利長を陥れようとする一派が人夫たちを扇動し、工事妨害の悪計を企んだ。利長は主君義光に「**工事の全権を拙者に任せられたし**。若し向後三年にて業成らざる時は切腹してお詫び申し上げる」と言い切り、工事の実権を握り、断固工事の遂行に邁進した。そして、反対派一派の悪質と見られる囚人某を「**不届き者ぞ、世に百害あって一利なき無用の者ぞ大学が天に代わって成敗いたす**」と電光石火抜き手も見せずその首を斬り落とした。眼光火を噴き、睨んだその有様は将に鬼神の如く凄まじい。囚人といえ人を斬ることはよいことではない。利長は治下農民の大計のために泣いて馬謖(ばしょく)を斬る最後の手段を決意したのである。工事発願以来、十有余年、幾多の難工事に直面し、貴い人柱と厖大な金子と人力を注ぎ込んで大用水路を完成させた。治水技術者の覚悟の名言である。

このほか、各地に伝わる名言の数々を記しておく。

▼**角倉了以「凡そ百川、皆以て舟を通すべし」**

この信念で大堰川、高瀬川、富士川等の舟運路開削にあたった。

▼**秋田の渡部斧松**

江戸時代後期の秋田の治水・開拓に多くの事績を残し、二宮尊徳と並び称される農政家である。水路トンネル工事で落盤により犠牲者を出し、誰も工事につかなかったとき、斧松は自分の身体に縄を結びつけ「**もし万一のことがあったら、この縄で私を引きあげてくれ**」と言い残して、土砂崩れと必死に戦いながら水路トンネルを完成させたという逸話が残る。

▼**佐久市の市川五郎兵衛**

世界かんがい施設遺産に登録された長野県佐久市の五郎兵衛用水を他からの援助は一銭たりとも受けないで、すべて自費で築造した。その心意気は、家康からの仕官の勧めを決然と断るほどであった。

「**志はすでに武士にあらず、殖産振興・水を引くことである**」

家康の威武もこの一言には如何ともしがたく、市川五郎兵衛真親に殖産開拓許可の朱印状を与えた。義のために禄を捨てた男である。

▼伊東伝兵衛・お鷹岩井筋

伊東伝兵衛は長野県長谷村（現伊那市）の名主で、三峰川左岸一帯の水田を拓くため私財を投じて水路を開削した。

奥天竜・三峰川から用水を導水するには、堅い岩盤部は隧道を通さなくてはならない。難工事であった。一日懸命に掘削してもほとんど進まない。「**石一升、銭一升……一日掘っても三合メンバ（弁当箱）一杯**」だった。

▼香川県木田郡三木町・蓮池の碑

「**天の助けと人の力が相まって成し遂げた**」。築堤中に洪水が来れば元の木阿弥である。

讃岐平野は水不足の地であるが、干害と水害は同一地域に繰り返し起こるのが常であった。蓮池は幸い天気に恵まれたおかげで完成した。

▼「一塘成就を念ず」（此念壱塘成就）

川内川（せんだい）の河口近くの左岸に、独特な三角形石造刎ねで高江新田を守る有名な長崎堤防がある。第十九代当主島津光久が数々の普請実績がある小野仙右衛門を工事奉行に命じ築堤させたものである。仙右衛門が延宝七年（一六七九）下命を受けてから長さ六百四十八メートル、高さ三・九メートルの堤防を完成させるのに貞享四年（一六八七）まで足かけ九年の歳月がかかった。幾度も工事途中で築造したものが流出する難工事であった。伝説によると仙右衛門は水神の啓示によって、愛娘袈裟を人柱に立て築堤場所を確定し、完成にこぎつけたと伝えられている。現在の堤防そばに小野神社が建てられ祀られている。また、昭和二十八年（一九五三）には顕彰碑が建立されている。

小野神社内の岩壁に〝心〟の一文字が深く刻されている。この一文字は仙右衛門の築堤にかけた壮烈なる一念である。「一塘成就を念ず」貞享三丙寅年四月とある。

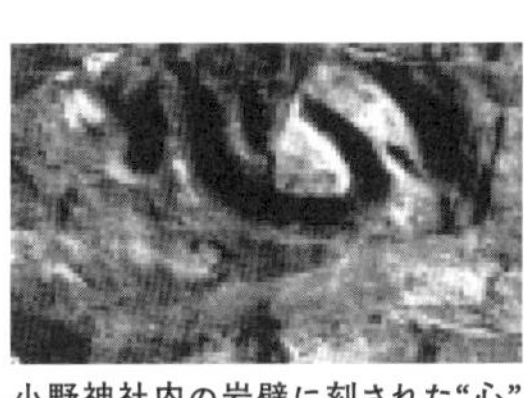
小野神社内の岩壁に刻された“心”の文字

▼『島津斉彬言行録』より

薩摩半島のカルデラ湖・池田湖水を利用する開田計画は第二十八代当主島津斉彬の命により安政四年（一八五七）に着手された。斉彬の命を受けた郡奉行が水神の祟りを恐れる趣旨を述べると、斉彬は「**水神がどうして民益となる工事を妨げることがあろうか**。水神とは民を益することを好むもので、それ故尊ばれるものである。恩恵を謝する礼を厚くし。速やかに着手せよ」と諭したという。

▼串木野の塩田跡地開発

鹿児島県串木野の塩田は明治三十八年（一九〇五）の塩専売法により廃止された。このため耕地整理事業により再開発して水田とした。その歴史を伝える「耕地整理記念碑」には以下のように変貌が記されている。

「昨日の荒蕪の地を望めば、良田阡陌（せんぱく）に変わり、縦横に**犂耡（りじょ）織るが如し**」

▼「**幾十年・幾十万の汗乃水**」

鹿児島の志布志湾に注ぐ菱田川沿いの蓬原の地が幾多の苦難を乗り越えて開田された。昭和三十三年（一九五八）に開田記念碑「開田碑」が建立されている。碑文の最後に蓬原土地改良区の馬場常義による名言「幾十年・幾十万の汗乃水」が刻されている。この言葉からは開田に至るまでの数々の苦難の歴史が偲ばれる。

▼**沢田清兵衛の河川観**「**川は水源から河口までの一体の生物である**」

沢田清兵衛は江戸後期の越中国礪波郡の新田開発や治水の功労者であり、庄川の洪水被害地の状況を地図に整理し復興策を立てた。川を上流から河口まで一体の生物ととらえるようになった初期の頃の一人である。

▼**川村孫兵衛重吉の名言**

川村孫兵衛は二十五歳のとき、伊達政宗に仕えることになった。五百石で召し抱えるという条件に対し、「代わりに荒地を頂きたい」と申し出、その地を治水により、一千石の美田に変えた。

廣瀬久兵衛の終生の三信念

廣瀬久兵衛は、寛政二年（一七九〇）日田市の名家廣瀬家の三男として家業を継ぎ、二十八歳のとき郡代に抜擢され、多くの井手や干拓・新田開発に大きな功績を残した。天領日田の繁栄を築いた第一の功労者である。明治四年に八十二歳で亡くなった。

廣瀬久兵衛が終生の三信念としていたものが、

一、天の賦する所物に偶者あり……須らく教えを一大家に乞うべし。仲間がいるものである。

二、業の成るや必ず其の機会あり……治水の機会あるごとに指南役として機会にすべし。

三、人力の及ばざる所、必ず天助あり……人力で及ばない難事業は神力を請うべし。

単身で赴くとき宇佐神宮に賽し、神助を乞い、工なったら神田一町歩を奉献した。廣瀬家には、「神仏を崇め慈悲仁恕を専らにし……」、「心は高く身は卑しくすべし」、「人の高席を望まぬ事」、その他二十四の家法（不文律）がある。

『贈従五位廣瀬久兵衛傳』
廣瀬正雄著作兼発行、1929年

第四章　明治維新の治水・治水事業の成熟期

お雇い技師の治水

明治維新を迎えた日本は、西洋の進んだ技術を導入し、早急に近代化しなければならないとして有能な技師を欧米に留学させた。欧米の技術を一刻も早く習得しなければならなかったが、派遣して帰国するまでに時間がかかる。このため当面は、西洋の先進国から技術者を時の大臣クラスの高給で派遣してもらい、指導を受けて技術導入を図ることになった。河川ではエッセル、ムルデル、リンド、デレーケらオランダ技師の指導の下に淀川や利根川の改修、江戸川の測量、利根運河の開削などの多くの功績をあげた。リンドは利根川から江戸川への分水量を増やすように進言したが、その結果として、江戸川は洪水被害が増えて、もとの分配比に戻された。淀川下流部でも舟運と、水深維持のためケレップ水制により低水路を狭める工事が行われた。ケレップとはオランダ語で水制のことである。

その後、淀川・神崎川は洪水が頻発した。その結果、唯一人日本にとどまっていたデレーケに批難が集中した。デレーケは洪水対策をなおざりにしていたわけではないが、洪水被害が多発する中で、人々の河川行政への不満のはけ口になった。このため、オランダ人お雇い技師による舟運重視の低水工事から脱却して、大水害の頻発対策としての高水治水への大転換が求められたのである。

日本人の河川技術者はオランダのような低水工事の国ではなく、古市公威や沖野忠雄はフランス、赤木正雄はオーストリア、岡崎文吉はアメリカへ留学し、欧米の治山治水技術を習得し帰国後、それぞれの部門で高水工事や砂防事業の指導者として大きな役割を果たした。オランダ技術者の低水工事を継承することはなかった。むしろ、神崎川等では高水に支障・洪水被害の原因であるとしてオランダ式ケレップ水制を次々撤去した。低水工事から高水工事へ三百六十度方針変更であった。

古市公威の気概を伝える名言

古市は日本の治水技術の未来を託されて、フランスに留学し、一日も早く西洋の近代技術を習得し、日本の治水技術を立て直さなければならない、との思いに駆られていた。留学中の猛勉強ぶりを見て世話をしていた者が少し休まれたらといったら、「**自分が一日休むと日本が一日遅れる**」と答えたという。日本の将来を背負っているという古市の気概を伝える名言である。

▼**古市公威の名言**「**土木技術者は将の将たる人でなければならぬ**」

沖野忠雄の名言「法規を訂正せよ」に見る気概

明治新政府においては土木の仕事は所属部署が転々とした。明治二年四月に民部官中に土木司（治河使が変わった）がおかれ、七月には民部省へと改組し、明治四年七月工部省ができ、同年十月に大蔵省に移され、明治六年十月に民部省が廃止になり内務省が新設された。内務省の土木技術陣は明治二十七年に古市公威が土木技監に任じられ、明治三十年六月に土木監督署長の沖野忠雄が土木監督署技監となった。古市公威が黎明期の土木技術者のリーダーの役を果たし、沖野忠雄が実践期の土木技術者のリーダーの役を担った。

昭和三十四年二月二十五日に沖野忠雄の伝記が発刊されている。題名は『内務省直轄土木工事略史・沖野博士伝』で著者は真田秀吉、旧交会発行である。

書名からもわかるように、沖野の伝記は内務省の直轄工事の歴史そのものなのだ。明治初年から大正七年退官まで河川改修工事で沖野の関係しなかったものはなく、三十歳から六十八歳まで土木各種の元締めでリーダーだった。沖野のことは「我国治水港湾の始祖」「工事機械化の元祖」「達眼達識の士」「満身是れ数学といわれるほど数理に長け、頭脳明晰、精悍な気を蔵し負けじ魂の持ち主、容易に人の意を受け入れなかった。自己信念の非常に強い、而も英断に富んだ人」等々いろいろ評価されている。さぞかし名言も多いのではと自伝を読んだがあまり多くは見られなかった。

「沖野博士は人格高潔の国士であった。一点の私心無く、造次顚沛(ぞうじてんぱい)も国家の公益と国民の福利を増進することを忘れず、その労を惜しまず、技術の研鑽、後輩にも常にこの根本観念の下に実践躬行の模範を示し、人材を養成し、また国家の財政を考え事業の緩急を慮りその調和を保ち、如何なる強硬な要望あるも、その事業を起こすことが国家財政上不利益なりと信ずる時は断固として排斥せられた。然れども一旦その事業が国家の為に有利にして済民の方策たるを思う時は、法規を顧慮するの暇なく断行せられた」(片山貞松)

「淀川改修にあたりその計画予算に記載なき長柄運河を開鑿して会計検査院より違法たるを詰られた時、技術上其の最善の方法たるを披歴せられたるにより、検査院は博士の人格に免じて不問に付すこととなった。庄内古川の改修に当たり、法理上其の成立困難也とて異論を挟む者あるや、大声叱呼して事業をこの如くすることが最善の方法である。『**法規を訂正せよ**』とて遂にその業を成し。……眼中法律なく規則なく、法規一天張の議論に耳を藉さず、内務省の羅馬(ローマ)法皇と異名せられていた」

・岡崎文吉の自然主義河川学

岡崎文吉は石狩川の治水計画において「自然に背反する治水事業は決してこれを施工しないことである。私は此れを自然主義と名付けた」と述べている。この自然主義の考え方は時のトップ沖野忠雄と相いれることはなかった。

大河津分水・悲願達成の物語

信濃川下流部、新潟市の河口まであと五十五キロメートル、北流してきた信濃川は分水町大河津で北東へ鋭く屈曲し、ここから海岸線にほぼ並行して広い新潟平野の低平地を貫流して河口の新潟港へ向かう。低平地の多くは潟・沼沢地で洪水の常襲が宿命づけられた地であり、大河津から海岸線の寺泊まで最短距離で約十キロメートル。ここに人工の放水路を掘削し洪水流を流せば、大河津より下流の低平地を毎年のごとく襲っている洪水・氾濫をなくすことができる。八代将軍吉宗の時代に、寺泊の庄屋・本間屋数右衛門が幕府に放水路開鑿を陳情して以来、当地の最大の悲願となった。大河津分水による治水策は江戸時代末期から、新潟県の最大の課題になっていたのである。

▼「才者に欺かれ、勢者に押し付けられ」

長年、信濃川の洪水を研究してきて、大河津分水しか解決策がないことを訴えていた多くの識者の論を確認してみる。

地元の地理学者・思想家であり大学者の小泉蒼軒は、地理・民政・測量・治水等多方面にわたり功績をあげた。自家製の測量機による浸水区域の精密な測量を基に、大河津分水のコストベネフィットを計算している。蒼軒は、信濃川の水害は細分化した領地政策・小藩割拠のもとの乱開発が原因であり、「**惣郷一致**」、**信濃川水系一体としての治水**をするべきであるとし、「**水は低い**

ところに向けて流れる。流れるままに逆らわなければ害とならない」と主張した。多くの者が、目前の利欲に惑わされて、荒れ地を切り開き、田畑に変えた。人々はそれを妨げるのは川である、その水を除くには堤を築けばよい、として開発を進めてきた。したがって水害は開発のために築かれた堤や川が招いたものである。**人がつくるものは、器にしろ、何にしろ、壊れやすきものである。**それが自然の理である。もろもろ、おのれの勝手で堤をつくる。果ては「**才者に欺かれ、勢者に押し付けられて**事を決めている。水の理に叶えるものは稀なり。水害は年々免れない」といっている。実に本質を穿った名言である。

小泉蒼軒だけではなく多くの識者が名言を残している。東京都の土木部長から新潟県議となった田沢実入(みのり)は『信濃川治水論』に痛烈な正論・名言を残している。

「理に於いて当たらざる如しと殆ど前後撞着に等しき説を陳述して去り……**リンド氏は固より是れ海外万里の客のみ、まだかつて内地の状況を暗ぜず。況や我が北越水害の深浅厚薄や、肯きて深く咎むるに足らざるなり、災害を蒙るところの人民にして眼力未だこれに及ばず**」、「**水の其の害毒を逞するのは、人の之を治めざればなり、水の罪に非ざるなり**」との見識は名言である。この名言は水量の洪水だけでなく水質汚濁についてもいえる真髄をついた名言である。

その地域の庄屋や有識者が分水開削しかないことを明治新政府に強力に働きかけ、新政府も明治二年に官費で開削すると発表したが、数カ月後には財源を理由に工事取りやめを決めた。

明治三年に六割地元負担を受け入れ再度起工式までこぎつけた。工事着工後、地元負担金で不平不満が高じてきたところに、新政府が派遣したリンドとブライトンが数日の現地調査で現在進められている分水工事は新潟港などに悪影響が大きく、不利益が多いと報告した。それを受け楠本県令は工事中止を決定してしまった。明治七年のことである。

大河津分水の工事が竣工寸前に中止になり、その後、分水工事に代わるものとして堤防強化を中心とする信濃川堤防改築工事が古市公威により立案され、明治十九年に始まった。ところが、明治二十九年の横田切れを皮切りに、明治三十年、三十一年と大水害が相次ぎ、堤防改修だけでは洪水を防ぐ手立てには到底ならないとの判断から、大河津分水計画が地元関係者から再燃し、政府はついに明治四十年から大河津分水開削を再度、実施することになった。

大河津分水の分派点には画期的な自在堰（ベアトラップ堰）が岡部三郎により設計され建設されることとなり、十三年の歳月をかけ大正十一年に通水するに至った。構想から実に二百年後にようやく実現した大河津分水であったが、通水後すぐ昭和二年六月に自在堰の六号から八号ゲートが陥没する大事故が起こった。当時、東洋一の大工事で最先端の土木技術の粋を集めた事業であっただけに、その事故は**内務省の大失態**であり、国内外に大きな衝撃となった。この汚名返上、雪辱戦の大河津可動堰補修工事に当たったのが、東京の荒川放水路建設の立役者・青山士（あきら）と宮本武之輔のコンビであった。昭和二年十二月から四年間の突貫工事により昭和六年六月に補修工事が完成した。その竣工記念碑が有名な青山士の「万象に……」の碑である。

青山士の名言「万象ニ天意ヲ覚ル者ハ幸ナリ　人類ノ為メ　國ノ為メ」

放水路の分岐点は公園になっておりそこに多くの記念碑が立っている。その中で一際大きな堰柱状の記念碑が青山士による竣工記念碑である。日本にはおびただしい治水の碑があるが、その中で最も有名な碑であろう。現在に伝える教訓の大きい碑である。碑に刻された「万象ニ天意ヲ覚ル者ハ幸ナリ　人類ノ為メ　国ノ為メ」は名文であり名言である。この石碑は下段にエスペラント語が記されていることでも有名である。河川に携わった者で知らない者はいないといっても過言でない。その碑文の内容は何となくわかる。万象とか天意とか人類のためとか国のためとか文言のスケール感があり、一度口ずさめば忘れられないフレーズである。この文句の文意を青山士に聞いてもそれは各々自分で考えてほしいといい、語ってくれなかったという。青山士の真意は謎だ。それを考えてみたい。

一、普通の石碑は大きな巨石に文字が刻されている。しかし、この碑の銅板が嵌められている構造物はよく見れば陥没したベアトラップ堰の堰柱そのものである。

二、文字の背景に何かデザインされている。何が描かれているのか。①峨々たる山並。②真ん中の円の中に三本脚の烏。裏面の背景は③三角形の波、そして④稲妻、⑤真ん中の円の

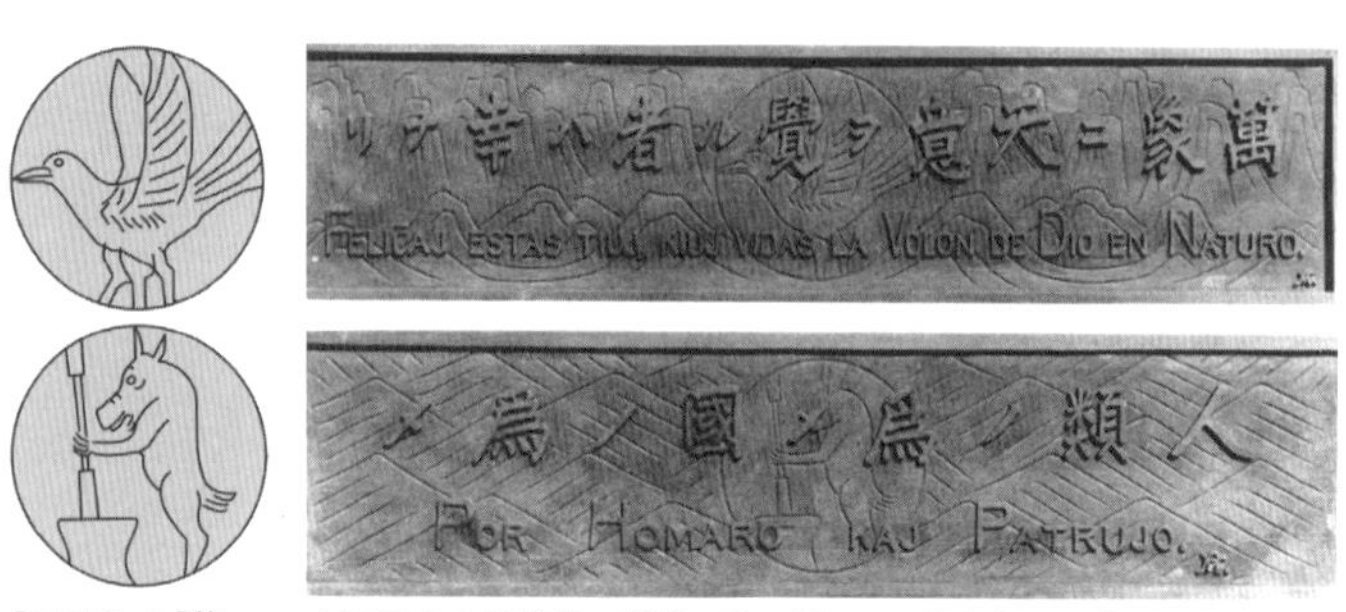

「三足烏」と「夔」　大河津分水堰修復工事竣工碑に刻された青山士の石碑

中で太った一本足の動物が臼を杵で搗いている。これは①の山並は地圏、②は中国神話に出てくる三足烏・生物圏、③三角波は洪水時の波・水圏、④洪水時の稲妻は気圏、⑤は中国神話の「夔」という獣・生物圏。「三足烏」も「夔」も中国神話の洪水伝説に出てくる想像上の動物だ。そうすると歴史文化圏である。台座のベアトラップ堰の堰柱は⑥生活・活力圏を表していることに気がついた。

私の提唱している風土工学では、万象は六大風土❶地圏、❷水圏、❸気圏、❹生物圏、❺歴史文化圏・神話伝説、❻活力圏・産業・社会基盤で表される。青山士は万象を六つのデザインで表現している。風土工学の六大風土と全く同じ①地圏、②水圏、③気圏、④生物圏、⑤歴史文化圏・神話伝説、⑥活力圏・産業・社会基盤を表している。

次に何故エスペラント語で付記したのであろうか。これには大河津分水で誤った判断をした外国人お雇い技師リンド等への批判が込められている。

すなわち、大規模な土木施設を設計するときは万象・六大風土をよく調べ、それと調和するように設計してほしいとの伝言なのである。ベアトラップ堰を設計した岡部三郎は堰の躯体の設計はよいとしても、その下の地盤の設計を誤った。ということで先輩の岡部三郎に対する痛烈な批判でもあった。そのことは宮本武之輔が事故の本当の原因について後世のために書き残さなくてはならないのではないか？　と上司の青山士に相談し、承認を得て書き残した論文の中に、明確に記されている。

宮本武之輔は「岡部三郎個人の責任を追及することにより、今後**多くの若者が失敗を恐れて怯懦と退嬰の風潮が蔓延することになれば、そのことの方が大敵である**」といっている。これも、けだし名言である。怯懦とは臆病になること、退嬰とは尻込みして何もしないことである。「**土木の大失敗を活きた教訓として襟を正さなければ災禍は永遠の災禍になるを止まらず、国家の損失は是より甚だしきは無し**」と名言で締めくくっている。

石碑に刻された青山士の「万象ニ天意ヲ覚ル者ハ幸ナリ……」は天下一品の名言と位置づけられよう。

▼廣井勇が青山士に諭した名言

青山士は内村鑑三から「人は如何に生きるべきか」を学び、人のために尽くすことを決意した。内村は廣井勇に師事することを勧めた。廣井は内村と共にクラークの教えを受けた一人で懇意の仲である。青山は土木技師として一生を捧げることを決意した。その折、廣井が青山を諭した言葉が「**君、日本の官吏になったら『トコロ天』になったと思って辛抱しなくては務まらんぞ**」である。なかなかの名言ではないだろうか。

廣井は中央政府の官僚を「トコロ天」と常々称していた。

▼青山士の名言

「**技術は組織ではなく、人である**」の信念で「**役人の全人格が行政の治績に大きく影響する**」として内務省内の派閥活動をいさめた。

「技術の大いなる発展に支えられた現代文明は人類の生活を飛躍的に向上させた。しかし技術力の拡大と多様化とともに、それが自然及び社会に与える影響もまた複雑化し、増大するに至った。土木技術者はその事実を深く認識し、技術の行使に当たって常に自己を律する姿勢を堅持しなければならない」

田邊朔郎・本当の夢の実現に向けて

「これからの動力は電気だ！　もはや水車の時代ではない。**私の手で水力発電を取り入れ時代を先取りしたい**」

けがを乗り越え左手で書き上げた卒業論文『琵琶湖疏水工事』。

東京遷都後、日本の都であった京都は一挙に寂れ一地方都市になってしまった。田邊朔郎はその寂れた京都の街を蘇生させようと琵琶湖疏水をつくった。

しかし、それに真っ向から立ちはだかったのが籠手田安定（こてだやすさだ）・滋賀県令だった。「地方官の本分は法と職権の許す限り任地の県民の利益擁護に全力を尽くすことである」との強い信念のもとに、国家的事業である琵琶湖疏水に反対した。だが、北垣国道・京都府知事と田邊のコンビは、**籠手田には「国家の為にという視点は一切認められない」として、地域第一主義・地域エゴを乗り越えて琵琶湖疏水を完成させた。**こうして、**東京遷都で寂れ果てた京都は琵琶湖疏水の水で蘇ったのである。**

田邊の本当の夢は活力ある日本をつくることだった。昭和八年土木学会誌に本土横断琵琶湖運河構想を発表している。日本列島の中央部で若狭湾・琵琶湖・淀川・大阪湾までを大運河で結ぶ計画である。田邊朔郎の自信作であった。しかし、近畿の地には田邊の夢を実現できる風土はなかった。北垣国道と田邊朔郎のコンビは共に新天地・北海道にわたり、内地で果たせなかった別の夢の実現に命をかけることとなった。未開の地、北海道の鉄道調査と工事を開始する。

田邊朔郎は生涯を土木技術者として生き抜く。つねに国家のために夢を追い求めた。

▼琵琶湖疏水の篆額に見る名言

明治の元勲の名言を見る。

三条実美「美哉山河」（うるわしきかな山河）　第三トンネル西口
松方正義「過雨視松色」（通り雨が過ぎると松が一段と美しく見える）　第三トンネル東口
西郷従道「隋山到水源」（山に沿い行くと水源にたどり着く）　第二トンネル西口
井上馨「仁以山悦智為水歓」（仁者は知恵が豊かであることを悦び、智者は水のようにとどまることなく自在であることを見て心の糧とする）　第二トンネル東口
山縣有朋「廓其有容」（かくとしてそれいるることあり）　第一トンネル西口。景色は広大にして自然は穏やかである。悠久の水を湛え、悠然とした疏水の広がりは大きな人間の器量を表している。
伊藤博文「気象万千」　第一トンネル東口。**琵琶湖の気象は千変万化である。普段は美しい風景も大洪水ともなり、大渇水ともなる。**
田邊朔郎「藉水利資人工」（水利を借りて人工をたすく）　自然の水の力を人間の仕事に役立てる。
久邇宮邦彦「萬物資始」　第二疏水の入口。すべてはここから始まる。**水がなければ始まらない。まず最初は水の確保だ。**

八田與一・全身全霊で打ち込む

八田與一は台湾・嘉南平原の農民に平等に水の恩恵をもたらし、不毛の地を穀倉地帯へ変身させた烏山頭水庫・嘉南大州の父である。

「家族もここで暮らさなくて、全身全霊で工事に打ち込むことはできない」

八田與一の知恵で半水締め工法が採用されている。**常識外れの独創性が困難を可能にする。**

作家・田村喜子は土木技術者の心意気に惚れて、土木技術者を題材にし小説を書き続けた。本書は、二十人の土木屋を取り上げている。いずれも土木のロマンを自らの人生に課し国づくりに邁進した男たちである。

田村喜子著『土木のこころ』

第五章　大正・昭和・平成の治水、治水事業のこれから

戦後の大水害・河川の持つ遺伝子

昭和22年（1947）9月　カスリーン台風

昭和二十年九月十七日マッカーサーがお堀端の第一生命ビルに入り、ＧＨＱ本部を設置して日本占領事務が開始された。日本人は有史以来、初めて外国人による支配を受けることになった。ちょうどそのとき、鹿児島の枕崎に経験したことのない猛烈な台風が上陸した。午後二時四十分には九百十六・六ミリバールを記録した。この枕崎台風を機に以降、昭和三十四年九月の伊勢湾台風まで十数年間毎年のように大型台風・豪雨が日本を襲い、敗戦の大打撃に追い打ちをかける大水害の連続となった。枕崎台風で死者・行方不明三千七百人、その大部分は広島県下、原子爆弾の苦難から一ヵ月で水の苦難を受けることになった。

昭和二十二年九月十六日未明に利根川の栗橋上流で数キロメートルに渡り右岸大堤防を破堤させたカスリーン台風の氾濫水は、

三日後には総武線の小岩と新小岩を断ち切った。氾濫により利根川の流れは昔の旧利根川に戻った。「**河川も生き物で遺伝子を持っている。昔の記憶をたどる**」。これは名言である。都心防護のためダイナマイトによる堤防破壊を試みたが、「**堤防は頑強でなく、土砂でガサガサ。ダイナマイトは役に立たず**」という状態で、堤防開削は間に合わず、氾濫水は自らの記憶をたどったのである。

阪神淡路大震災・これまでになかった巨大災害の世紀に突入

▼阪神淡路大震災

関東大震災クラスの地震が来ても大丈夫という土木安全神話が一瞬にして崩壊してしまった。阪神淡路以降、これまでなかったメカニズムの地震や水害が頻発しだした。前例のない巨大災害の世紀に突入したのだ。

▼田辺聖子の名言

阪神淡路大地震時、伊丹市の自宅で大地震に遭遇した折の名言。

「一瞬の間だが随分長く感じた」

▼十津川の言い伝え

熊野川の上流、奈良県十津川では『**谷の水音はなんぼ大きゅうてもいいが。石が転げる音がし**

たら、逃げなあかん』といわれていたそうだ。これまで何度も大崩壊があったのだと。

▼「津波てんでんこ」

「津波てんでんこ」とは、平成二年岩手県田老町（現宮古市）で開催された第一回全国沿岸市町村津波サミットにおいて津波の研究家である山下文男らによるパネルディスカッションから生まれた言葉である。津波が来たら「取るものも取り敢えず、肉親にも構わずに、各自てんでにバラバラに高台へ逃げろ」「自分の命は自分で守れ」という意味だ。「自分自身は助かり、他人を助けられなかったとしても、それを批難しない」という不文律でもある。

東京下町の津波警告碑（左：木場の洲崎神社、右：平久橋）

▼東京下町の津波警告碑

寛政三年（一七九一）東京の下町を大津波が襲った。その後、木場の洲崎神社と平久橋に津波警告碑が立てられた。

「**浪あれの時、家流れ人死するも少なからず**、此後、高なみの変は測りがたし、流失の難なしといふべからず、是より西は入舟町を限り、東は吉祥寺前に至るまで、凡そ長さ二百八十五間のところ、**家居とり払ひ、空地になしおかるるものなり**」

▼**「蛇ぬけの碑」**

長野県南木曽町に有名な「**蛇ぬけの碑**」がある。木曽谷では斜面崩壊土石流のことを「蛇ぬけ」と称している。

土石流の警告碑である。「**白い雨が降るとぬける**」「**雨に風が加わると危い**」「**蛇ぬけの前にはきな臭い臭いがする**」。一級の警告碑である。

▼**警世の碑「悔恨から未来へ」**

警告碑としては、東日本大震災から八年目、宮城県亘理町の荒浜海岸鳥の海公園に「悔恨から未来へ」という警世の碑が建立された。

一、荒浜に津波来ない幻想なり

二、川の水引けば津波は大きいぞ

三、此処よりも高所を探して直ぐ逃げろ

四、油断して途中で戻れば命とり

五、何よりも命が大事、一番大事と心せよ

▼**丸山善助頌徳碑**

新潟県妙高市に丸山善助頌徳碑がある。明治三十五年（一九〇二）同市の粟立山が大崩壊し土石流により家屋全壊十八戸等、壊滅的な被害に対し、住民の先頭に立ち復興に向かい奮闘したのが部落長の丸山善助であった。丸山はその後、生涯を治山治水の進展に捧げた。

「平野を治めんと欲すれば、山と川を治めよ」

▼山陰豪雨の碑

島根県浜田市にある山陰豪雨の碑に「**漸(ざん)に杜(ふせ)ぎ崩(ほう)に防(ふせ)ぐ**」**の碑**がある。この意味は、「**危険なことに対し常に注意を払い、その兆しがあれば速やかに手配すべし**」。名言である。

法・理・情にかなう

将来に備える大規模な治水事業は必ずといってよいほど、「不要だ」、「規模が大きすぎる」等住民の理解が得られず、大反対運動が生じ、なかなか進まない。九州の松原ダムの蜂の巣城の反対運動で有名な室原知幸の「**公共事業は法にかない、理にかない、情にかなわなければならない**」はまさに名言である。進まない理由にもう一つ重要なことがある。それは、財源の確保である。

青山士は荒川放水路建設時、大東京を貫流する**荒川の治水は**「**戦艦一艘分の予算で出来る。安いものではないか**」といったが、大規模な抜本的治水は国家的予算がかかる。また、財源確保・予算確保が防衛や経済対策・福祉対策等より後回しになりがちである。

災害後の復旧は高くつく

災害が起こってしまったら復旧しなければならない。災害復旧費には予備費等大きな予算が必要になる。後追いの災害復旧や復興には莫大な税金がかかってしまう。災害が起こるたびに、治水計画にあるダムや堤防等の治水事業ができていれば、今回の災害はなかったのにと悔しい思いをする。災害後の後追いの復旧・復興の予算は事前防災の治水事業の何百倍もの財源が必要である。

コツコツとした着実な地先の堤防補強等の治水事業は住民から理解を得られるが、全国各地からの要請が多く、予算は奪い合い、陳情合戦である。予算の制約で、治水事業の完成に至るまでには何十年、何百年という時間がかかってしまうのだ。

治水治国平天下

「修身斉家**治国平天下**」(「礼記」大学から)の名句がある。天下を治めるには、まず自分の行いを正しくし、次に家庭をととのえ、次に国家を治め、そして天下を平和にすべきである。また、「水を治める者国を治める」、つまり善く国を治める者は、必ずまず水を治める。これは、中国春秋時代(紀元前七七〇~前四七六年)に斉の**桓公**が国を治める根本的な方針として打ち出したものである。自然災害の災難をできるだけ少なくする努力や方策をしなくては、**国を治める資格**はないのではないだろうか？

幸田文「崩れと水はつきもの」

幸田露伴の娘、幸田文の随筆『崩れ』には、「崩れと水はつきものだ。ことに豪雨となればもう気が許せない」とある。全国の崩れを見てきた素直な言葉だ。幸田文が七十二歳のときに日本各地の土砂災害の跡を見て回った記録である。繊細な文学者の感性から出た言葉である。

伝説の治水技術者・鷲尾蟄龍の「川成り」をよく見ろ

河川技術の歴史で忘れてはならない偉人に鷲尾蟄龍がいる。現場を読み解く力量は抜群で「伝説の治水技師」といわれてきた。鷲尾は書き物を残してこなかったので、まさに伝説の人となった。鷲尾がよくいった言葉に「川成り」という語句がある。現場に立ち、洪水をよく観察しろといってきた。

「川成り」は辞書に「洪水などのため河原となった荒廃した田畑のこと」とあるが鷲尾のいっている「川成り」は洪水時の川の流れの様子で、水当たり部や流れてくる流木や土砂流の様子が河川氾濫にどう働いているかをよく観察しろ、ということである。この一言の重みで多くの後進を育てた。

急流河川工法の革命・橋本規明の独創の知恵

急流河川・常願寺川の治水で忘れてはならない人に橋本規明がいる。

昭和二十一年（一九四六）富山に赴任したとき、「川というのは水が流れるものだと思っていたが、常願寺川へ来て、**流れるのは水でなく石である**と考えが変わった」といった。このときの思いが次々に独創的な治水工法を編み出す原動力になった。

これまで護岸工法であった水制や根固工は木製や粗朶で小型のものだったが、コンクリート製で大型の「ピストル水制」とか「十字型ブロック根固工」等々を次々考案した。改良の域を超えた革命であった。現在も現役の治水施設として県都を中心として富山平野を護り続けている。

第六章　被災直後から復旧・復興の知恵

先憂後楽

中国北宋の名君・范文正は東京の小石川後楽園の名前の由来、「**先憂後楽**」を書き残した人物である。**大国難時には、①お祭りとイベントを盛大にやりなさい。②先祖の供養を怠りなくやりなさい。③常日頃手が付けられなかった普請・土木事業をどんどんしなさい。**これらは大災害後の復旧時の名言である。

▼高橋是清の時局匡救事業

昭和四年（一九二九）のアメリカ株価大暴落を受け、浜口内閣は緊縮財政政策をとった。その結果、昭和恐慌になったが、大蔵大臣高橋是清は昭和七年から昭和九年まで時局匡救事業を実施し、日本経済をデフレから世界最速で脱出させた。范文正の国難時の政策と同じである。

高橋是清は財政について、「**一足す一は二、二足す二は四と思い込んでいる秀才には生きた財政は分からない**」といっている。名言である。

小河一敏の知恵

小河一敏への報恩感謝の名言が「小河一敏記念碑」（大阪府羽曳野市）に刻されている。

「吾公のなかりせば、子孫と魚鼈（ぎょべつ）と吾輩は、何ぞ能く、一日たりとも公を忘れんや」（小河一敏知事がいなくなられたら、子孫と魚類と吾輩、すべてのものは小河公のことを忘れるだろうか。いや一日たりとも忘れることはない）

小河一敏知事への報恩の思いが込められた一級の名言である。

明治維新になって初代堺県知事になった小河一敏のときに大和川が大水害となり、大至急決壊口を止めて、復旧・復興工事をしなければならなかった。明治新政府に何度も上申したが動かない。自分の給料を返納し、部下の給料も半減にして、それをもとに請負にかけたが、そんなものでは足りない。不足分は**県知事・自分の責任で県でお札をどんどん刷り、皆金のことは心配するな、一生懸命復興に努めよといった**。その結果見事に復興したが、県でお札を刷ったこと等を中央から専断を咎められ即刻首になった。

そのときの工事は困難を極めた。「**撮沙如衆米、挑於如画脂**」（川を浚渫し砂をとることは散らばった米粒を集めるような際限のない難事であり、堆積した泥は脂と同様に囲い込むことは難事であるがそれに挑む難工事）であったと記されている。この碑は治水の碑としては一級の価値のある碑である。しかし現在、石川の臥竜橋の上流右岸の墓地の境に立っていて鉄条網のフェンスに囲まれ近づけないみじめな形になっている。この石碑が超一級の石碑であることを説明する看板を建ててほしい。もっとみんなが近づけるところに移設してほしいものである。

大塚切れ・柴田善三郎・懐旧談

大正六年の高槻の淀川右岸・大塚切れのとき、大阪府内務部長の柴田善三郎が知事不在中の災害の陣頭指揮を執った。非常に広範囲が水没し、一人の指揮では足りない。意思決定の責任者が不足している状況で、柴田は次のような決断をくだした。

- 三郡長（三島郡・西成郡・北河内郡）は全責任をもって当たれ。**責任は俺が持つ。**
- **見積書等書類は一切不要。会計法規にとらわれるな。**
- **必要なものなら一銭のものを一銭五厘でもよい。金には一切糸目をつけない。**
- ただし、真っ直ぐな気持ちで当たってくれ。
- 地元民が「態（わざ）と切り」した。態と切りは本来、死刑である。称賛はしないが、私の気持ちを察して堤防を切ったこととし、不問にする。
- 締切工事の請負設計六万七千円を、鴻池組が五万四千円で落札したが、六万七千円で請負せよ。差額の一万三千円は労務者への特別賞与とする。
- 締切資材を三日で調達せよ。粗朶三万五千束、一千坪の石材が必要である。

・一万束は伏見から残りは島本町の山からこれから切り出す。
・粗朶の手配はできたが、運ぶ船がない。淀川に停泊中の船は、誰の船でもよい。**日曜の夜・鎖で繫がれているものは鎖を切って集めろ。大阪府がしばらく借用すると書き置きして、一艘に付き十円傍においていて来い。**
・一千坪の石材、一坪十トン、一列車十トン、貨車三十両とし、三十列車、大阪市の市電の石材を枚方まで六里逆走せよ。

時の知事・大久保利武と柴田部長は災害緊急処置の責任を取って辞表を提出したが、知事は、「俺が全責任をとる。お前は残れ」という結末になった。

衆中談合・一味神水

静岡県小山町の阿多野天神社に高さ四メートルの大きな碑が立てられている。富士山の宝永噴火の深さ二メートルくらいの火山灰で村が全滅・亡所となったときの、「**困ったときには皆集まり談合しなさい、そして皆の一致協力で当たってほしい**」との言い伝えが記されている。談合の反対は競争ではない。談合の反対の概念は専横であり、競争の反対の概念は譲り合いである。

▼二宮尊徳の「報徳仕法」は日常生活に当たっては次の三つの信条である。

一、入るを量って出るを制す（収入以上に支出しない）

二、小を積んで大となす（小さな努力も積み重なれば大きな収穫になる）

三、勤労を尊び驕奢を排す（よく働いて、ぜいたくはしない）

奥貫友山の『大水記』

奥貫友山（一七〇八～一七八七）は江戸中期の儒者で川越の名主である。寛保の大洪水では私財を投げうって罹災者救済に当たった。自らの田畑を江戸商人に質入れし、その金で食料を買い、四十八村の十万六千名の命を救った。友山の手記『大水記』は、その活動から得た教訓などを克明に記したものである。

「平生節倹をつとめ、時あるに臨みて家財をつくして公衆の救難に致す、陰徳あるもの何ぞ陽報あらざらん。飯を炊くには、タライへ土をぬり、其の上にて炊き候事上策なり、水の浅深に従い浮沈して水の入る事なし。**木を植えるなら榛の木、鳥をかうなら鶏を飼え**」（罹災時に備える）

復旧復興は心の憂さを晴らす知恵

災害からの復興は人々の心を晴れ晴れとさせなければならない。それが重要な治水技術である。

治水の先覚者はただ、物理的な治水事業（洪水の軽減）を実施するだけではなく、すべてを破壊する洪水の猛威を恐れるのでもなく、人々の身心がなえるのを癒すために、晴れ晴れ、活き活きするように、**いろいろな仕掛けを残した。これも治水ではないか？**

また、人々を見守ってくれている神様・仏様も心の支えとなっていた。

▼「**神となり仏となり水の中火炎の中に立は世のため不動明王**」

東京都北区にある真言宗の自性院の本尊は不動明王であり、水害を防ぐご利益がある。この地域は水害に悩まされた歴史があり、本尊も水害にあっている。豊島八十八カ所霊場の一つで御詠歌は「神となり仏となり、水の中、火炎の中に立は世の為不動明王」という。水害地域を表現する名言である。このフレーズが何故か耳から離れない。

▼「**川はこの世とあの世の境**」

首都を流れる荒川・隅田川は、この世（此岸）とあの世（彼岸）との境をなす川であった。隅田川に伝わる有名な伝説の多くもこの世とあの世の境の物語である。

▼「**生まれては苦界、死して浄閑寺**」

吉原遊郭の遊女にも仏は手を差し伸べられた。荒川区南千住にある浄閑寺は吉原遊郭の近くにあり、不慮の死を遂げた引き取り手のない遊女の投げ込み寺として知られる。寺の供養塔の基部に花又花酔の句「生まれては苦界、死して浄閑寺」と刻されている。この文句は一度口にすれば忘れられない。

▼**為政者は必ず手を打つ**

・家康の孫で屈指の名君と呼ばれた会津藩藩祖保科正之は明暦の大火の復興にあたって「**官庫の貯蓄はかような時に下々へ施与し、安堵せしめるためにある**」と名言を残している。

・七福神巡りは上野の寛永寺の天海僧正の進言により家康が祭祀したのが全国に広がり固定化したものといわれている。天海僧正は人間社会の七難を七福に祈願して、「**七難則滅七福則生**」のため七福神巡りを考えたといわれている。

・巨大災害の憂さを晴らす、祭りと花火と花見、そして大相撲

八代将軍・徳川吉宗の時代、火事と喧嘩は江戸の華といわれるほど物騒な世の中であった。花火大会の起源は、大飢饉や疫病の流行で多くの死者が出た享保十七年（一七三二）、吉宗が隅田川で催した死者の霊を弔う川施餓鬼の法会にさかのぼる。その際花火を打ち上げたのが発祥とされる。そして吉宗が百本の桜を墨堤に植え付け地元の名主に管理させたのが隅田川の花見の始まりである。

・大相撲については、明暦の大火の死者、安政地震や水害死者の供養のために回向院がつくられ境内で勧進相撲が興行されたのが始まりだという。

▼**ダム王といわれた神部満之助**

・ダム王といわれた間組の社長・神部満之助は天竜川の佐久間ダムの完成と共に「佐久間・龍

神祭り」を残した。

▼**永田秀次郎の句碑「焼けて直ぐ」**

・関東大震災、東京大空襲の被災者慰霊のメモリアルパーク・横網町公園に関東大震災時の東京市長・永田秀次郎の句碑「焼けて直ぐ」がある。

「焼けて直ぐ芽ぐむちからや棕櫚の露」

小さき命に、再生・蘇りの力を学ぼう。

経済大国へ導いた渋沢栄一の復興論

渋沢栄一は多種多様な企業を設立し、日本の資本主義の父といわれている。渋沢は数々の名言を残している。その一つに災害復興の精神が書かれているものがある。

「この大変化の機会に於いて**精神の復興を期しなければ、如何に物質的復興を計っても真正なる文明を実現することは不可能である**」。まさに正論である。

第二部

治水の名言に秘められた教訓

第一章　日本は水害大国

日本は水害大国

毎年国内のどこかで大洪水を始めとした災害が生じている。「**日本は水害大国**」とは、なるほど名言だと思った。各地の防災・減災の治水事業はこれまで、効果を発揮してきている。反面、全国的に見て、毎年大災害が起こっている。**治水事業をやってもやってもなくならない、というより増えていっているようにも感じられる。何故なのだろうか。**そのヒントが江戸時代の兵法家**大道寺友山の**『**落穂集**』にある。

「**自然に対する人々の挑戦の度合いが大きければ災害はそれに比し大きくなる**」「**乱世には洪水災害は稀、平穏な時勢には洪水災害が多い**」

実に名言である。乱世のときは、農耕者の主力は兵として領主に徴発されて戦場に駆り出される。農耕労働力の不足で、山畑は雑木が育ち、野田は一面草野となり、洪水などでも流出が遅れる。ところが、平穏時は山を切り開き山畑にし、裾野は野畑とする。当然の結果として、少しの雨でも山野の土砂が流れ出し、川底は埋まり、水浅く川幅広く流れて、堤や川除等破損も多くなる。人々の活動が大きくなれば災害も大きくなる。現在にも通じるのではないだろうか？

日本列島砂山論

大阪市立大学教授だった藤田和夫先生は日本の活断層研究の嚆矢である。活断層と地形の成因論を研究し、グローバルな視点から日本列島からヒマラヤの形成史をどうとらえるかなどの数々の大論文を発表してこられた。

一九八二年に本を出された際、『日本列島砂山論』という書名は衝撃的であった。日本各地の土砂災害の現状を見るとき、素直になるほどと納得せざるを得ない名言だと思う。藤田先生の指導の下に日本で一番大きな二十万分の一の地質図「近畿土木地質図」の編纂委員会を立ち上げたのが昭和五十三年（一九七八）である。私が近畿地方建設局の河川計画課のとき、地建各課を説得して予算を拠出して発足にこぎつけた。その後、国土開発技術研究センターを事務局として、全国の各地建ごとに順次、編纂することになった。懐かしい思い出である。

日本列島豪雨発生装置・豪雪発生装置・台風銀座

この三つのフレーズはなかなか本筋をついた名言である。

地球の表面は十五の主要巨大プレートよりなるが、地球上の一点に過ぎない狭く小さな日本列島は四大プレートが激突する継ぎ目・境界に位置していることから、①海溝型の巨大地震が起こる。②海溝地震には津波がつきものである。③プレート境界には火山帯が配列し、火山災害が発生する。プレート境界にはこの三つの災害が宿命づけられている。

日本の弓なりの花綵列島は豪雨の発生装置になっている。大陸の気流と海洋の気流がぶち当たるところ、北の寒気団と南の暖気団がぶち当たるところ、偏西風が日本列島の背骨の山脈・脊梁山脈に衝突し上昇気流になって積乱雲が発生しやすいところであり、④豪雨になりやすい。いわば「**日本列島豪雨発生装置**」である。⑤日本海側は世界指折りの豪雪地帯である。⑥毎年、複数の台風が通過していく「**台風銀座**」である。

災害大国・日本、九つの宿命との闘い

日本列島九難の宿命

日本の国土の七十パーセント以上が山地で急斜面である。**人間が住みやすい平地はたった十パーセントしかなく、そこに五十パーセントの人間がひしめき合って生活している。国の富の七十五パーセント**

がそこに集積している。しかも国土の十パーセントの平地はもともと河川の氾濫原野で氾濫が宿命づけられた地である。平野部を流れる河川は天井川になっている。洪水時の水位は居住地地盤よりはるかに高く、天井以上の高さの所に洪水が流れる。考えてみれば実に恐ろしいことである。天井川は日本の川の特性で、世界を見回してもほかに見当たらない。英語に天井川にあたる単語はなく、「**空を飛ぶ川**」という意味の和製英語で**フライングリバー**(Flying River)としている。⑦溢れる水・洪水・浸水は日本の宿命である。⑧日本の河川は急流で短い。降った雨は一気に海へ流れ下る。雨が降らなければ水不足・渇水の宿命である。⑨国土の大半を占める斜面には山地崩壊の宿命がある。

以上、九つの逃れることのできない災害の宿命があるので「**日本列島九難の宿命**」である。**九難は苦難に通じる**とは、実に名言である。日本は九難をどうするのか？　苦難にどう立ち向かうのか？

ふと、作詞家でタレントである永六輔の名言が頭をよぎった。

「**地震も台風も洪水も。あらゆる自然災害は地球が生きている証拠です**」。名言だと思う。

第二章　河川に関する名言に秘められた教訓

破堤の輪廻からの脱却を図るための抜本的な治水、〝天井川の切り下げ・大放水路や大きなダム・遊水地等の築造〟をすれば、河川災害は間違いなく劇的に減る。二〇一八年に関西空港や大阪を襲った台風二十一号による高潮は、室戸台風、ジェーン台風、第二室戸台風以上の潮位を記録したが、防潮・高潮対策事業が完成していたおかげで被害は出なかった。もし防潮・高潮対策の水門等が完成していなければ、あるいは、たとえ完成していても水門閉鎖の操作ミスがあれば、約十七兆円の被害が出たと試算されている。高潮対策の水門等の建設・管理費は約千五百億円（約十七兆円の被害に対して一パーセント弱）である。このことから、前もって備える治水事業の重要性を教えられた。**災害が起こってからの災害復旧費は百倍、千倍になるうえ、**人命も失われるのだ。

天井川の宿命・破堤の輪廻

日本の河川は低平地部ではほとんどが天井川である。天井川の洪水位は堤内地の住居より高い。破堤すると大災害となる非常に危険な川である。天井川は流送土砂が堆積して河床が上がり、洪水疎通断面積が減少する。年々危険性が着実に大きくなってくる。それに対し、疎通河積を確保するには堤防の嵩上げが行われる。ますます、天井川は危険になってくる。この破堤の輪廻から脱却するには、天井川を放棄して新たに放水路を建設する以外にない。「天井川の破堤の輪廻」とは名言である。天井川の和製英語の「フライング・リバー」も川の状態をよく表現している名訳といえる。

河川争奪により治水の安全度は一挙に下がる

河川争奪（河川の流域のうち、ある一部分を別の河川が奪う地理的現象のこと）により上流の流域を奪われた河川は治水の安全度は上がるが、反対に低水流量が少なくなり利水の安全度は下がる。河川争奪で上流を奪った河川は、もともと上流部には多くの流量を受け入れる容量がないので治水の安全度は下がる。反対に低水流量は多くなるので利水の安全度は上がる。日本列島の脊梁山脈の一番低いところを流れる由良川は河川争奪の一番多い河川である。河川争奪の結果、由良川の治水安全度は極めて低いという宿命を背負っている。

オヤニラミはもともと太平洋側の河川にすむ魚だが現在、日本海に注ぐ由良川に生息している。これは、加古川の上流部が由良川に河川争奪された結果、取り残された証人である。

鴨川は処刑場・隅田川は死者の墓場

今日の都の真ん中を流れる鴨川の高水敷は多目的広場である。四条河原は芝居小屋や見世物小屋が建ち並んでいた。保元の乱の敗者である平忠正や、藤原信頼、関ヶ原の合戦の敗者、石田三成、小西行長などは六条河原で処刑され、後に三条河原で晒し首に。河原は多くの人に見せしめるための処刑場で、死体の放置されるところであった。これらは、大水が来れば川下に流されて行く。墨田区の正福寺には隅田川によって流れ着いた多くの死体を埋葬した首塚がある。

第三章　災害に関する名言に秘められた教訓

上田篤氏の名言「災害が日本の国土をつくった」

建築学者であり宗教民俗学者である上田篤氏が多くの名言を述べておられる。その一つ「災害が日本の国土をつくった」は災害列島を考えるうえで、実に大切な視点である。「山崩れ、土砂崩れ、崖崩れなどの災害が日本列島のかたちをすっかり変えて、現在見るような日本の国土にしてしまった。それは氷河時代の終わった後の一万年余の完新世の時代がもたらした『自然のドラマ』である」。現在、日本国民が活動している平地は大災害がつくったものなのだ。

巨大災害の世紀に突入

平成二十三年（二〇一一）以降に起こった災害を振り返ると、①スーパー台風、②バックビルディング現象によって発生した線状降水帯の豪雨、③爆弾低気圧、④進路逆転Vターン台風、⑤火山活動の激増、⑥三つの離れたところの地震が同時に起こりマグニチュード九となった東北地方太平洋沖地震、⑦震度七を観測する地震が二度発生した熊本地震、⑧富士山のマグマだまりの至近で起こった静岡県東部地震。このとき、**富士山が爆発しなかった方が不思議だ**と火山の専門家はいう。等々、まさに巨大災害の世紀に突入したと表現してもおかしくない。

▼後藤田正晴の名言

内務官僚出身の政治家で長らく官房長官を務めた後藤田正晴は、その切れあじからカミソリ後藤田といわれた。彼の名言、「**自然災害そのものは人間の力ではどうしようもない。一度、自然災害が起きたら、その直後からすべて人災だ**」

風土に刻された災害の宿命

筆者はこれからの土木事業は風土工学と環境防災学の二学の支援が欠かせないということで、その二学を構築し、普及啓発に努めてきた。この手段として「風土に刻された災害の宿命」と題して全国各地で講演活動を展開している。それと共に執筆活動を行い、雑誌に連載してきた。人類がその地で活動したところには何らかの地名をつけている。呼称や通称地名や小字名等々である。例えば「太間」などは淀川の決壊箇所の絶間に由来している。崩壊地名やかつての低平埋立地名、干拓地名などが各地に残っている。

伝説では八岐大蛇伝説や巨人伝説等は治水の物語を伝えている場合が多い。石碑には、歴史書には記されていない災害時の記録が記されている場合が多い。

神社や祠の祭神は治水の功労者を崇めて建てられたものが多くある。地域の有名な祭り。守口市の最大の祭り「寺方提灯踊り」や山形の「花笠踊り」等々は治水の伝承である。

六大風土（水圏・地圏・気圏・生物圏・歴史文化圏・生活活力圏）を克明に調べれば、その地がいかに多くの災害の宿命を背負っているのかがわかるのだ。「風土に刻された災害の宿命」とは実に名言ではなかろうか。我ながらつくづく、そのように思うのである。

危機管理の基本は危険性の予測

危機管理の基本はどのような危険性があるのかを予想することである。その危険性の度合を予想して、ハード・ソフト両面で予防対策をする。しかし、災害は予想したとおりには起きない。予想には必ず盲点がある。それに対しては、最後は現場で臨機応変に対応する以外にない。これが危機管理の鉄則である。

▼堺屋太一の名言

堺屋太一が国会に参考人招致された際に遺した危機管理の名言。

「ＩＴ化が進むに従って、非常事態の危険性は非常に高まっている」

以下は堺屋の国会での提言で、地震被害には四段階の被害がある。

一、一次被害……地震での建物倒壊、道路や橋の損壊、地すべりや土砂崩れ。都市の規模に比例する。
二、二次被害……地震によって火災等が発生。都市の規模の二乗に比例する。
三、三次被害……ライフライン（水道・鉄道・電力等）の停止。都市の規模の三乗に比例する。
四、四次被害……地域の経済・文化・情報が止まり、全国・世界へ影響。都市の規模の四乗に比例する。

▼柴田俊治（ジャーナリスト・元朝日放送社長）の名言

「非常時には、人間の素顔が見える。素っ裸になったとき、日本人には『相身互い』の精神がまだ残っている」

災害・共助の仏教、融通念仏宗

日本の仏教の、在来十三宗の中に大和川水系を中心に信仰されている融通念仏宗がある。宗祖は良忍で大治二年（一一二七）開創。総本山は大阪市平野区にある大念仏寺で、末寺三百五十七寺は大阪河内と奈良盆地の低平地にある。三百五十七寺の分布図を作成すると寝屋川の氾濫区域と旧大和川の氾濫区域、大和盆地の唯一の出口の亀の瀬に諸河川が合流する区域、すなわち洪水のたびに出口でせきあげられて浸水する浸水常襲地帯に集中的に分布していることがわかる。これらの地区では、町の周囲に濠をめぐらす寺内町を形成している。

融通とは一人の祈りが大勢の念仏と融合することを意味する。要するに融通とは共助そのものなのだ。

第四章　治水は讒言と地獄の世界

治水の歴史は事故・失敗の記録がほとんどない不思議な歴史であると、これまでに何度か記してきたが、この章では、先人が治水にかけた悲壮にして壮絶なる覚悟の名言や、讒言と地獄の世界を記したい。

先人が治水にかけた悲壮にして壮絶なる覚悟

▼筑後川三堰の一つ、大石堰横の神社の境内に立つ「三堰之碑」に刻された名言

この碑は大石堰・長野堰・袋野堰の築造時に五人の庄屋が藩の許可を願い出、藩から「計画どおりに導水できなかったときには五人全員磔の刑にする」という条件に対し「成功せず徒労に帰したならば誅罰を加えて世の見せしめにされたい」との決死の覚悟で堰が実現したことを伝えるものである。五人の庄屋は堰を完成させ、人々は大石水神社を建てて五庄屋を神として祀った。碑には、次のように刻まれている。

一つ「三堰とも皆、奇功にして雄大、**鬼作に非ざれば、即ち神造にて、絶えて人力の及ぶとこ**

大石水神社境内の「三堰之碑」

大石水神社の鳥居

ろに非ざるなり」

二つ「一国の大利を起こして、万歳の鴻美を垂れり、数子の偉功は水の如く、遠く、山の如く高し」

三つ「水を得んことは小人の素願成るが、賞を受くることは欲すところに非ざるなりと辞して受けざり……」

治水は讒言と地獄の世界

▼野中兼山の悲劇

野中兼山は江戸時代初期の土佐藩家老で「土佐藩をよくするのだ」と自分にも他人にも厳しく、多くの改革で藩に貢献した。物部川の湾曲斜堰の山田堰や築港、各種産業の奨励等多岐にわたる功績を残したが、藩士の恨みや、過酷な負担を領民に課したことにより不満をかい失脚した。失脚後、思い入れがあった山田堰の工事指揮所近くに隠棲し、三カ月後に吐血して死去した。家族は全員宿毛に配流され、男系が絶えるまで四十年間幽閉された。この間女子も結婚を許されなかった。

▼**延岡藩家老藤江監物・讒言により長男と共に獄死**

五ヶ瀬川の岩熊井堰の建設に携わった延岡藩家老藤江監物の悲劇（享保年間）。

一面荒地の出北一帯の新田開発を藩事業として行うことを家老の藤江監物が決断した。このとき、藩内部には膨大な予算を見込まれる事業に反対派も多かった。事業は開始してから七年経っても難工事で完成の見込みは見えず、藩財政も底をつきだした。反対派の勢力が強くなり、監物と家族は財政を逼迫させたとして藩主の命で召し捕らえられ、山中に設けられた牢獄に放り込まれた。入牢四十日目に長男が獄死。それから二十七日後に監物も獄死。死後無実であることが判明した。事業は郡奉行の江尻喜多衛門が継いだ。喜多衛門は「**死せば誰が志を継がん。死は易く、生は難しい。しかず嘆きを先にし、易きを後にせん**」と農民を励まし、事業を再開し三年後に完成させた。

難工事の失敗は自害

▼**木曽三川・薩摩義士・平田靭負の名言**

宝暦治水事件は、江戸時代中期に起きた事件である。幕命によって施工された木曽三川（木曽川・長良川・揖斐川）の治水事業（宝暦治水）の過程で、工事中に薩摩藩士五十一名が自害、三十三名が病死し、工事完了後に薩摩藩総指揮の家老・平田靭負（ゆきえ）も自害した（自害でないという説もある）。

平田靭負は「**民に尽くすも又武士の本分**」の言葉を自分自身に言い聞かせて忍に耐えたのであろう。

昭和十三年平田靭負ら八十五名の薩摩義士を祭神とする治水神社が岐阜県の海津町（現海津市）に建立された。

▼「殺身人民」人々のために一身を捧げる

伊藤伝右衛門の顕彰碑に刻された「殺身人民」。

大垣市横曽根に伊藤伝右衛門の顕彰碑が建立されている。揖斐川の川底に伏越樋を埋設する工事で失敗に終わり、責任を取って自害した。その頌徳碑が輪之内町塩喰（しおばみ）の鵜森の白山比売神社境内に建立された。碑文は「殺身人民（人々のために一身をささげる）」と刻されている。

▼五十里湖掘割の失敗　高木六左衛門の腹切山

天和三年（一六八三）日光大地震で葛老山が大崩壊して男鹿川をせき止め周囲三十キロメートルの五十里（いかり）湖が出現した。会津藩は藩士の高木六左衛門に水抜き工事を命じたが、堅い岩盤に阻まれ失敗した。高木六左衛門は湖水の見える布坂山の頂上で割腹自殺をし、その山は**腹切山**と呼ばれるようになった。四十年後の享保八年、大雨で天然ダムが決壊し、下流で一万数千人の死者を出した。河川水害史上最悪の災害となった。この洪水は龍王峡と鬼怒川ライン等の観光名所をつくった。

死を覚悟・狂人を演出

▼加茂用水の完成を見ずに他界

浸水常襲地帯の静岡県菊川市加茂に井成神社がある。その祀神は今川義元の元武将、三浦刑部である。

菊川の上流から総延長七千六百五十メートルに及ぶ用水路の建設によって、当時の加茂村の耕地の九割にあたる百二十町歩を灌漑することができるようになった。しかし三浦刑部は工事の中途で心労のため病を得てその完成を見ずに死亡した。臨終の際の「私が死んだら用水が見わたせる地に葬ってくれ」の言葉に従って農民たちは加茂村が一望できる現在地に小祠を建立、昭和五年には現社殿に改築、大人(うし)の恩沢を偲びつつ祭典を続けている。

▼狂人を装って用水開設の契機を得た智恵者

静岡県菊川市嶺田に井宮神社がある。祭神は中条右近太夫(ちゅうじょううこんだゆう)である。右近太夫は嶺田用水の必要性を領主に訴えたが聞き入れられなかった。残る手段は将軍への直訴しかない。越訴は死罪である。身内に危害が及ばないよう、両親が死去した後、妻子と離別し、自分は木に登ったり、凧揚げをしたりして、狂人を演出しながら測量し、機会の到来を待ち、直訴に及んだ。将軍は嶺田用水の必要性を認めたが、右近太夫は越訴の罪で死罪となった。これほど覚悟の死罪はない。

全財産を投入・十一代二百四十五年の執念

▼何代かかっても必ず成し遂げる・二百四十五年の執念

日野川（鳥取県）下流左岸の長者原という台地は水の便に恵まれず荒れ果てた原野であった。この地の豪農吉持家の初代五郎左衛門は藩に開墾を願い出るが、許可書を見ることなくこの世を去った。臨終の際、「**長者原の開墾は如何なる困難があっても、また何代かかろうとも、私財の続く限り必ず成し遂げるように**」と遺言した。それから二百四十五年にわたる幾多の難事業を経て十一代目・吉十郎によってついに佐野川用水が実現した。この遺言状の重みに感動せずにはいられない。

▼荻柏原井路開削の垣田幾馬の覚悟の名言

大分県の大野川上流、阿蘇外輪山の東山裾の溶岩台地に荻柏原井路を開削し、九州有数の米どころにした垣田幾馬の覚悟の名言がある。開削事業は何度も行き詰まり、資金調達も苦労の連続で、幾馬は各方面を飛び回って金策にあたっていた。当時、妻子に「**垣田家の全財産を失うとも事業は絶対に中止せぬ。そのときは妻は里に返し子供は親類に預けて首に袋をかけて、乞食してでも続ける覚悟である**」と話をしていたという。水利を拓くことがどれほど大変なことかがわかる名句である。

計画は大きすぎると小人には理解できない

▼明治用水の都築弥厚

「この地域の発展の恩恵は明治用水なしでは語れない」。この意味することは実に大きい。明治用水の計画は、水路地のある藩ばかりか、水に苦労している農民からも反対された。都築弥厚のスケールの大きい計画は現状維持のみを願う者から理解されなかった。

▼矢延平六への報恩感謝の祭り「ひょうげ祭り」

矢延平六は江戸時代に讃岐のため池を多くつくったダム築造の名人である。新池をつくったとき、高松城を水攻めするために大きくつくったのだとの讒言により罪人にされ、阿波へ追放された。地元の人々は、平六への報恩感謝の「ひょうげ祭り」を行ってきた。「ひょうげ」は「おどける」「滑稽」を讃岐では「ひょうげる」ということに由来する。大恩人に対する仕打ちに「ひょうげる」しかなかった、地元民の屈折した思いの奇祭である。

第五章　治水技術に関する名言に秘められた教訓

筑後川改修記念碑に刻された名言

久留米市の百年公園に「筑後川改修記念碑」が明治三十六年に建立されている。碑文には、素晴らしい名言が刻されている。

一つ、西村捨三・土木局長の名言「**水の流勢は山が迫っておれば狭く、平坦な野では広く流れるものである。広い流れは氾濫しやすく、狭い流れは荒れやすい**」

二つ、「**治水工事は人の和なくしては不可能である。人の和こそ国家の基礎である**」

治水の七要所

河川の左右岸において、治水で気をつけなければならない箇所はどこか考えてみると、七要所がある。

一つ、合流点である。違う集水区域から流出してくる洪水はおのずから性状が違う。それが合流するところは洪水が暴れ、破堤しやすいところとなる。では、どうすればいいのか。導流堤により合流点を下流に導くようにする。

一つ、河床勾配の急変部である。河床勾配が緩くなるところで、流送してきた土砂が堆積する。すると堆積した分、河川の疎通断面が減少して破堤しやすくなる。

一つ、扇状地の扇頂部である。扇は要の位置が壊れるとバラバラになる。同じように、河川も扇頂部で破堤すると流路はどこに流れるかわからない。扇頂部は特に破堤しないようにしなければならない。

一つ、湾曲部の水衝部である。洪水の激流が堤防に衝突するところで破堤しやすい危険箇所であり、水制等で堤防をより強固に守らなくてはならない。

一つ、盆地の出口の狭窄部である。洪水がせき止められて直上流部は浸水常襲地帯となる。

一つ、河口である。河川の洪水が海へ流出するところで、流送してきた土砂が溜まり、砂嘴(さし)を形成したり河道閉塞しやすく、洪水被害の起きやすいところである。また、その上流部は感潮部で海嘯(津波)が遡上するところで高潮堤などの対策が求められる。

一つ、ゼロメーター地帯である。洪水時、内水が排水できずに湛水被害が生じやすい箇所となる。排水機場等の整備により守らなければならない地域となる。

象形文字の“冀”

想定するとは冀思することなり・想定しなければ計画は始まらない

「冀思する」とはその姿形（形容）を思い浮かべることである。『史記屈原伝』にその書を読み、その人となりを想見することだと書かれている。「冀」は鬼の正面形で、角形の頭飾りと両手足を広げた形の行く先に、恐ろしい鬼が待ち構えていることの象形文字である。

想定することは行く先に待ち構えている鬼の存在を知ることである。そして、それに対し、知恵を出すことだ。防災構造物の設計者にとって、鬼とは恐ろしき大事故・災害のことなのである。

▼幕府からの治水・普請についての通達

江戸時代に統一的な諸制度が整ったのは八代将軍吉宗の享保年間の頃と考えられている。天領の代官に治水普請についての通達が出されている。桂重喜氏により現代に通じるように意訳されたものがあった。

- 破損箇所は小破のうちに普請せよ
- 村々には責任範囲を決めて見回り、普請を励行させせよ
- 池や水路の浮き草は年に三度は刈り取れ
- 『**行水流馴**』の理をわきまえて普請せよ
- 土取場は手近かな場所を選べ

・過大な見積もりをするな
・入札には付近の希望者を加えよ
・年越し工事は一切認めない
・普段の管理に注意せよ
・通達はよく徹底させよ

国家百年の計・水系一貫の思想

▼「国家百年の計」

百年に一度、二百年に一度の規模の洪水被害を防ぎ国土をつくる治水事業は、長期的観点で計画的に行わなければならない。治水は「国家百年の計」とは、名言である。百年や二百年に一度の確率でしかこないものに備えるのに何百年もかかる。だから無駄だと考えるのか、それともコツコツ国家百年の計で臨まねばならないと考えるのか、そこが問題なのである。

▼「水系一貫の思想」

昭和三十九年に新河川法により水系一貫の河川管理制度が提起された。全国百九水系を一級河川として、水源から河口まで一貫した治水・利水を考えるべきだというのが基本思想である。旧河川法制定時の舟運中心の低水管理からの脱却である。この水系一貫した水資源管理の思想により、河川を利用する権利である水利権の許認可が重要になってきた。一方、エネルギー政策として一河川一事業者開発の思想に発展した。

治水は経験工学

治水技術はすでにあるものを伝承し、磨き上げることにより発展してゆく。自分の経験ではなく、多くの先人が経験して獲得した知恵を尊重する。それは先人が洪水時に対処してきたことを追体験することである。過去の洪水の歴史から洪水の労苦を読み、自分の体験とするように昇華することである。一言で昔と今は違う、といって過去から学ばない人がいる。しかし、大自然の猛威に対し人間は非力であることは昔も今も変わらない。河川を治める治水は経験工学の最たるものである。

近代科学技術に奢ってはならない。基本はまだまだ未熟、治水は経験工学。真の世のリーダー、先覚者たちの名言を次に記す。

▼廣井勇（札幌農学校教授）の名言

「**もし工学が唯に人生を煩雑にするのみのものならば何の意味もない事である**」

・人をして静かに人生を思惟せしめ、反省せしめ、神に帰る余裕を与えないものであるならば、われらの工学には全く意味を見出すことができない。

・伝道師から土木技術者へ。民衆の暮らしを少しでも豊かにしたい。

▼**高橋裕**（東京大学名誉教授）**の名言**

・川という自然を通して自然と人間の共存のための技術を模索してきた。

・**川は文化の顔である。望ましからざる予期せぬ影響がある。**

・川の性質や機能を尊重し、川の心が読める河川技術者になってほしい。

▼**尾崎晃**（北海道大学教授）**治水技術者に望むこと**

・**現象を見ることから始めそれをとらえることで答えを求める。**

・海や川のように非常に奔放な自然力を相手にする仕事は自然力に抵抗してはダメだということが一番先にあると思う。

▼**宮本武之輔の名言**

「**そもそも河川は天の神様の作品であり、天の意図は時の経緯と共に平衡に向かうものなのである。平衡は神様の心の平静を意味する。**分水路の河床勾配は上流ほど緩く、下流ほど急になっている。大自然の作品とは逆である。このような設計は時間の経過とともに安定していかない。……**未来永劫災害の宿命を抱え込んだ設計**となっている」

その宮本武之輔の心意気

・いかなる艱難辛苦に遭遇しようと決して厭うものではない。

・（土木とは）大勢の人間が心と力を結集して初めて完遂するもの。
・技術を学ぶことで涵養した頭脳を駆使して、もっと血の通った仕事に就きたい。
・我々土木屋は、つねに民衆の懐に飛び込まなければならない。民を信じ、民を愛す。
・信念は自覚から生まれ、自覚は思索から養われる。思索のない人生は一種の地獄である。

▼砂防の父といわれる赤木正雄の名言

・国家のため人類のため貢献することに大きな誇りを感じてこそであり、この信念なくして徒に技術官に身を起こすことに根本の誤りがある。

▼立山砂防の主といわれた松嶋久光の名言

・リュックを背負って全国を歩き回る。退官後も初志貫徹に邁進したい。

立山砂防工事に従事して五十年、立山砂防のヌシと呼ばれた生き様。

「どうしてそんなに暴れるがや。どんなに人間が苦労しても、お前が暴れるとひとたまりもないちゃ。それでも、わしらは砂防をやめんぞ、お前をねじ伏せることは、人間の力ではできんちゃけど、わしは命の限り、お前と仲良くしていく方法を見つけるぞ」

▼名治水家として誇り高い青山士の名言三話

・「熊谷から赤羽鉄橋までの、荒川上流改修費は軍艦二艘分で水害をなくすことができる。安いではないか」

・第二次大戦末期、海軍が静岡県磐田の青山邸を訪ね、パナマ運河を砲撃する有効な方法について教えを乞うたところ、青山は「**私はつくることは知っているが、壊し方は知らない**」と答えて帰したというエピソードがある。実に名言である。

・「**私はこの世を去るとき、生まれてきたときより、よくして残したい**」

▼**大自然の猛威に畏怖する、奢ってはならない**

以下は昭和五十年頃の私が体験した忘れることができない話である。

素晴しい狭窄部、一見するとこれ以上ないダムサイトである。

「水没数百戸・貯水容量一億立方メートル以上」。これは、地建事務所による計画発表時、地元への計画説明資料に入っていた文言である。

・左岸側に三紀岩盤はあるが、岩盤全体が滑動した跡。地下水は上がらず、岩盤深部に至ってもオープンクラックがなくならない。これはダム地盤としては最悪である。

・これに対して地建事務所の責任ある技術者は、建設省の力と技術で不可能なことはない。いくら地盤が悪くても必ずできると豪語していた。

この奢りは何なのであろうか。本書『治水の名言』で一番多かった教訓は大自然の猛威に畏怖の念を忘れてもらっては困るというものである。

なった。

▼「浮間の洪水は有難い天の恵み」

荒川の洪水がアラキダスナ（荒木田砂）、ナマガタスナ（生型砂、栄養のある土砂）を運んでくる。これがサクラソウにとって大事である。洪水が減ったので土砂も少なくなり、サクラソウの危機になった。

▼洪水は三波石の化粧水

三波石とは下久保ダム（群馬県）の直下流の三波石峡に産する名石である。三波とは地質学で有名な三波川変成岩の名前の由来でもある。

三波石とは、美しい青緑色から緑色の緑色片岩に白色の石英の細脈が走っていて、これが渓谷の強い水流によって磨かれて岩肌に紋様となって現れている。三波石四十八石という個性豊かな形の石が分布している。

しかし、下久保ダムが建設されて直下流は発電のためにバイパスされ、無水区間になってしまった。三波石峡に水が流れなくなり、三波石に苔などがついて、折角の景観が損なわれた。その後、直下流に河川維持流量を放流してほしいという要請を受け、発電水路から分岐して放流することで、景観を取り戻すことができた。「**洪水は三波石の化粧水**」とはよく表現した名言である。

治水事業の便益額は何故こうも小さい

毎年、大水害が起こっている。災害一〜二年後に内閣府が各省庁の災害による被害額を集計して、豪雨水害の被害額が発表される。平成三十年の西日本豪雨の被害額は一兆九百四十億円だという。令和元年（二〇一九）の台風十九号の被害額はそれを上回ると予想されている。あまりにも多額なので驚かされる。これだけ多額の被害が出るのだから事前にダムや堤防等の治水施設を万全にしておければと思うのだが、そちらの方は予算不足で一向に進まない。

その理由の一つとして、治水施設の便益額があまりにも少なく計算されていることが挙げられる。「ダムか堤防か」ですべてのダムが事業を一時休止してダムの検証がなされた。その結果百七十のダムが中止になった。そのときの評価法の一つがB／C（コストベネフィット）である。コストの方は建設費だから相当の精度がある。一方便益の方は「治水経済調査マニュアル（案）」（国土交通省河川局、二〇〇五年）によって計算される。それによれば「被害額は最低限の額を算出する考え方から、直接的な資産被害については瞬時に回復し、事業所の営業停止被害等間接的被害についても最低限必要な日数で通常の社会経済活動が行えると考えざるを得ない」と記されている。要は浸水したがその被害は明日には通常時の状態に回復しているということで計算するということであろう。

治水施設の整備によって得られる便益のほんの一部しか評価していないと書かれている。何故、正当に評価しないのだろうか？　これでは治水投資ができなくなる。

治水は文化技術

青山士が第二十三代土木学会会長の就任講演で「**土木は文化技術**」ととらえ、社会国家の発展進歩において文化技術が果たしてきた役割を歴史的に明らかにし、どれほど重要であるか認識せしめ、均等を得たる平和社会の構成に努力すべきことを強調した。

・内務省大阪土木出張所長・坂本助太郎は「**人類文明の発源地は河川である。河川なくして文化なし**」といっている。

・梅棹忠夫を中心とする京大の人文系の定義によれば、文明とは「人間と装置と制度からなる巨大システム」であり、「**文化は文明の精神面だ**」という。

西師意の『治水論』より

西師意（もろもと）は北陸政論社の主筆で『新代数学』『地震の研究』『二十年前の回顧』『百日百題天籟のさけび』等の多彩な著作がある。

『治水論』は序文を書いた稲垣示（自由民権運動の先覚者）の名言から始まる。

「死地にありて死を知らず、災地にありて災いを知らざるは愚者の事なり、日本にありては治水の事に通ぜざる、その亦愚者の誹りを免れず、抑も治水学は日本において将来一科の専門学たるべく、治水術は日本人の為永く一種の専門術たるべきものなり。否、日本に生まれ治水の理に通ぜざるものは人にして衣食の理に通ぜざるよりも更に危険なり」

西師意著『治水論』清明堂刊、1891年

▼「堤防必ずしも頼むに足らず」

堤防を堅牢にし、以て河水の横溢を防がんとするは、素より治水の一策たらん。然れども所謂堤防なるものは、其の能く水を防ぐに足るやべしや否やは徒らに河川の性質如何に関せり。苟も河川の性質を知らずして漫りに堤防を築くが如き、偶々以て巨万の堤防費を徒消し空消し去るの愚挙成るを免れざるべし。**治水の技術は稍稍戦闘の術に似たり。**

- **「一河川的治水策たるべし。決して一村一部局的治水事業たるべからず。全川の利害を基礎とする長久策たるべし。」**
- **「河流の損害を減ずるは、他方において河流の利益を増すの道なり」**
- **「西欧諸国・大陸諸国では、興利を先にし、除害を後にす。日本の治水策は、興利よりも除害を主眼にすべき」**
- **「古人曰く、自然を制する道は自然に従うにあり」**

・阿波の吉野川は藩主・蜂須賀候大いに見るところあり。**「命じて堅く築堤を禁じ置きたる**に、然るに維新の後に至り、吉野川の沿岸に於いて築堤の事漸く起こり、今は至る所に堤防見るに至れり。而して、今やその築堤の結果は果たして如何ありしかというに、近年洪水屡々到り。動もすれば意外の破堤を致し……」

・「まず第一に着手することは……川毎に川の洪水量並びに平水量をはかることだ。未だ水量標の建設を見ざるは誠に奇怪千万の事、嗚呼、磁石無くして遠洋を航行するようなものだ」

・**「河を治めようとするときは、地理的天性のみならず歴史的、統計的に経歴を精査する必要あり」**

「常願寺川の治水小言」の中で西師意は、次のように述べている。

「デレーケは常願寺川の性質を知らない。粗朶沈床は急流な常願寺川には不適である。**富山県の官吏はデレーケを全知全能の治水神の如く崇信仕切っている。大きな間違いである」**。**「多くの水を流す」という一言に非ず、「多くの砂を流す」という一言にある。**

「水を流さずして山を流す」。一朝、洪水となれば河床たちまちにして三〜四間の土砂が堆積する。

第六章　堤防に関する名言に秘められた教訓

堤防は「土堤の原則」

堤防が土堤であることのメリットは大きい。土堤のメリットとしては、土は①築堤時、その地の材料を使うので、入手しやすい。②緊急時に火急に修復しなければならないとすれば、材料は土しか考えられない。③堤防の基礎となる大地は、かつての氾濫原野である。それとの力学的挙動を考えると、馴染む材料としては土しか考えられない。等々がある。

しかし、土は流水や浸食に極めて弱い。中身の質がよくわからない堤防という土構造物を管理してゆくことは、実は非常に難しい。堤防は長い歴史の中で先祖がことあるごとに嵩上げや拡幅してできてきたもの。堤防の基礎地盤は大自然である川がさらに長い時間をかけてつくった河床堆積物であり、千変万化である。堤防と地盤が一体となって洪水から人々を守っている。地盤と堤防は一体で役目を果たすものだからこそ、盛土により築造することは合理的であり、「堤防は土堤の原則」の意義は大きい。

堤防断面は歴史を語る

堤防の断面はなかなか見る機会がない。しかし、破堤時の調査で観察する機会がある。

堤防断面を観察すれば過去の堤防の嵩上げや腹付けの歴史が記録されている。

絵本・『榎並八箇洪水記』

▼『絵本・榎並八箇洪水記』が伝える「態と切れ」の顛末

享和二年（一八〇二）六月の淀川大洪水時の惨状を『絵本・榎並八箇洪水記』が伝えている。

網島（現在の大阪市長公舎の裏）で「態と切れ」をした。この落とし水の水勢が強烈で大長寺が流されそうになった。寺の墓地にあった石塔や墓石を崩え所にぶち込みなんとか難を逃れた。

「態と切れ」により榎並から八箇にかけて水位が低下し始めた。

北河内の百姓がこの効果を促進するべく源八堤を態と切りしようと集団で押しかけて来た。源八堤を切られると天満中一面が浸水するため、奉行所では阻止しなければならない。押しかけて来た百姓衆に百挺の鉄砲を向け「態と切りを実行すれば皆殺しにするぞ」と脅し、三〜四日昼夜警備し、堤を切りに来たと思しき風体の者を見つけ次第、捕まえて牢屋に入れた。

切れない堤防は幻

・**西師意は『治水論』の河身改修の第二章で「堤防は必ずしも頼むに足らず」、第三章で「堤防は時として害あり」と滔々と論説している。**

・日本の近代治水の神様である沖野忠雄も「**どのような堤防を築いても破れない保証はない**」といっている。

・令和元年十月の台風十九号により、東日本で七十一河川・百三十五カ所（十月二十二日時点・七県において）が決壊した。毎年、豪雨のたびにどこかの河川堤防が決壊している。

決壊し甚大な被害を受けた市の市長が「決壊箇所は堤防補強工事が終わったばかりなので安心していた」といっていた。どのように補強すればよいのかがわかっていない。

またその四年前の関東・東北豪雨で決壊し、その後、堤防の補強工事が行われた渋井川では、今回の台風十九号では四年前に被害がなかった対岸が決壊し、付近の住宅や農地に浸水被害をもたらした。地区の住民は「工事が終わってからもう二度と切れないだろうと思って、この辺の住民には安心感はあった。それがまた四年後にこういう状態では、ショックで……」。現地を視察した大崎市の伊藤康志市長は、四年前の被害に対する宮城県の対策工事が十分ではなかったとの認識を示した。そもそも堤防補強工事とは何なのだろうか。堤防は蟻の一穴から破堤する。これをすれば絶対安全というものはない。「**切れない堤防は幻である**」はまさに名言である。

堤防はドンドン劣化する

大自然は自然堤防のような微地形はつくるが、万里の長城のような天井川はつくらない。不自然な盛土は大自然の営力で事あるごとに平滑化しようと働く。堤防は経年で変化する。以下に見てみよう。

- 地震が起こるたびに堤の天端に沿って亀裂が入る。亀裂から雨水が浸透し、凍結を繰り返すと亀裂が広がり、ドンドン劣化が進む。
- 洪水流を受けるたびに法尻が洗掘される。
- 堤防にある樹木が根を張り、それが枯死すると根は腐り、堤防内に水ミチができる。
- 堤防に植わっている樹木が強風を受けると、樹木の根元の周りに亀裂が入る。
- 植物の根をモグラ等が食い、その空隙に水ミチができる。
- 堤防基礎は沖積層で不等沈下する。
- 土堤の中に埋設された樋管や樋門のコンクリート構造物と土堤部での地震時等での挙動の違いにより亀裂や隙間ができる。

大きく丈夫そうな堤防も年々劣化し、わずかな小さな水ミチから破堤する。

堤防・魔の三十センチ（クリティカル・サーティーセンチ）

飛行機の操縦で「クリティカル・イレブンミニッツ」といわれている時間がある。離陸後三分と着陸前八分の計十一分間は雪や突風などの気象異変、鳥の衝突、操縦がマニュアルから手動に切り替わることからヒューマンエラーによる事故が起こりやすい時間帯で、操縦室はステライル・コックピット（Sterile＝無菌、転じて、連絡を一時的にシャットアウトする意）状態にする。高度三千メートル以下を飛行するとき、客室乗務員からコックピットへの連絡は原則禁止とし、事故の多発する低空域での操縦に集中できるようにしている。

これと同じことが堤防にもいえる。河川水位と堤防の安全性について、これまでの多くの破堤事例や水防団の活動から、①警戒水位以下では破堤や致命的な損傷はない。②警戒水位から計画高水位（ＨＷＬ＝ハイ・ウォーター・レベル）までは浸透破壊等の可能性があるので万全な点検と水防活動が要求される。③ＨＷＬ以上は何が起きてもおかしくない。ＨＷＬ以上は破堤の危険性が急激に増加する。このようなことより、ＨＷＬ付近からのダムの洪水調節による下流の水位低下効果は微小であっても、破堤回避に大きな効果を発揮する。ＨＷＬまであと三十センチを切ると多くの箇所で漏水が生じ、どこが破堤してもおかしくない魔の危険水位ということができる。これを「魔の三十センチ、クリティカル・サーティーセンチ」と呼んでいる。

▼貝原益軒（儒家・本草学者）**の名言**

「人に礼法あるは水の堤防あるが如し。水に堤防あれば氾濫の害無く、人に礼法あれば悪事生ぜず」

『隄防溝洫志（ていぼうこうきょくし）』の名言に学ぶ

佐藤信淵（のぶひろ）は江戸中期の農政学者で農学、経済学、さらには都市計画と幅広い学問に通じていた。父・信有の遺稿を校訂してまとめ上げたものが『**隄防溝洫志**』ということになっている。次に挙げるように、現在にも通ずる名言と称してよさそうな、堤防に関するいろいろな知恵が多く記されている。

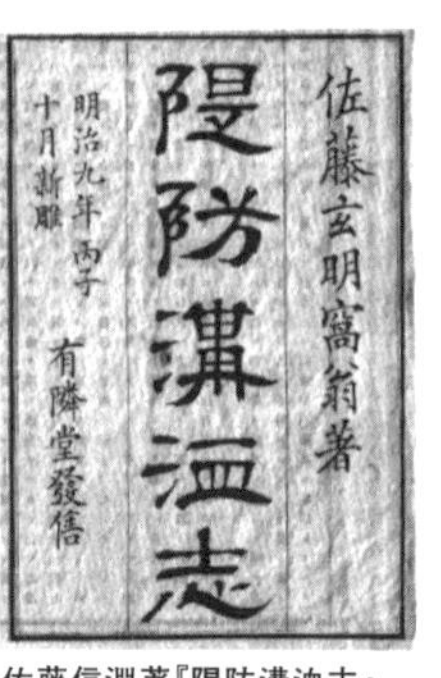
佐藤玄明窩翁著
隄防溝洫志
明治九年丙子
十月新雕
有隣堂發售

佐藤信淵著『隄防溝洫志』

「一旦、隄決（破堤）たる場所は念を入れて修復すると謂へども、其の地、土性和合堅固ならずして動もすれば、洪水の出る時には、また其所より破決するものなり。関東利根川の権現堂村、仲川の猿ヶ又村等の如きこれなり。其の他諸国に、尚多し故に、隄一旦決たる処は水刎を格別厳重に修理すべし、御入用の多きを厭ひて麁略（そりゃく）にするは却って不忠なり」

「川除普請の事についてはこれ**上に一里、下に一里と言ひ習わせり**」

「抑も隄防を築き立て洪水の難を防ぎ**溝洫を修理して**旱魃の患に備ふるは国家を建てるの根本にして国土に主なるものの常務なれば予てその業に鍛錬成るものを選びて普請奉行の役に申し付け、常常村里を巡回せしめ井路と川付の土手を見分し少しにても危なき場所あらば速やかに此れを目論見べし、村方よりして破損あること訟へ出るを待つこと勿れ」

「夏の禹王は天子成れども生涯、川普請に骨を折られて、**宮室を卑しくし、力を溝洫に尽くされたり**」（宮殿を立派にするより、人々の生活を豊かにすることが先決である）

「**隄防溝洫は国家の根本なり**」

「**用水の不足なるは実に農事の大患なり**」

「水利に熟達したる人の仕立てたる水刎は大水に破損すること甚だ強し。是、水当たりの極めて激しき場所を選びて仕掛けたるが故なり。又、不功者成る人の仕立てたるは度々大洪水に遭うと雖も破損する事無く何年経てもそのままにてあるものなり。何となれば水当たりの弱く、無用なる場所に仕掛けたるを以てなり。其の無用なる処に水刎等を仕掛ける時は川除の為には少しもならずして却って他所の水当たりを激し、大なる切れ処等を発して意外なる大患を引き起こす。……**これ渇水の時の水勢のみを知って洪水滔天たるの勢いを知らざればなり**。隄防溝洫の業に従事するものは此れを熟察せずんばあらず」

「隄防の修理は堅固を専要とすと雖も目的も無き場所にも過分なる御入用を費やすべきの謂には非ず……」

土工事・大地との会話

大規模な土工事をするということは、人為的に不安定な斜面をつくることでもある。上載荷重を除去すれば、下部の地質は応力解放され、時と場合によっては、堅硬な岩盤でも音を立てて崩壊するロックバースト現象が生じる。ＪＲ上野駅の新幹線ホームが地下深くに設置されたことにより、地下水によって大きな揚圧力がかかり、大掛かりな浮き上がり現象対策をしなければならなくなったような事例もある。

大規模な土工事は、生きている大地に刻するということであり、施工中随時、その大地がどのように挙動するのかよく観察しながら進めることが何より重要である。

「**土工事とは大地と人間との対話**」とは工事にあたって重要な名言ではないだろうか。

一切二盛三抜き四刺し・大地鎮めの心

ダム・貯水池は大地の起伏よりなる。大地の起伏は地球の重力作用により平滑化（平面化）しようとする性質がある。これが斜面崩壊や地すべり等の原因である。地すべりはどうして発生するのであろうか。
大地の地すべりに対する安全率は、
安全率＝土塊を動かそうとする力（ドライビングフォース）／土塊が動こうとするのを止めようとする力（レジスタンスフォース）
と表せ、分子が分母より大きくなれば滑動、斜面崩壊、分母が分子よりも大きくなれば安定である。つまり、斜面を安定化させるには、分子のドライビングフォースの減少（切土や水抜き等）と分母のレジスタンスフォース増大（盛土や刺し・杭で止める）が対策として考えられる。
大地が動き出すのを防ぐには以下の四つの対策工が考えられる。
①地すべり土塊の上部を切土で除去する。
②地すべり土塊の下部に盛土をして、動き出すのを盛土の重力で抵抗させる。
③地すべり土塊の内部の地下水を水抜き工で除去することで動き出す土塊の重みを軽減させる。
④動こうとする土塊を下部地盤に杭を打ち込み、杭の剪断力で抵抗させる。

地山・安定化対策工の評価

安定対策工		営力		時間の経過		望まれる対策工の順位・評価
切・盛・抜き・刺し	具体の工事内容	ドライビングフォース減少策	レジスタンスフォース増大策	安定化は増す	安定化は減少する	
切土	上部廃土	○		○		(1)
盛土	下部押さえ		○	○		(2)
水抜き	土中の地下水除去	○			○	(3)
杭を刺す	鋼管杭・PS工		○		○	(4)

同じ安全率一・二を確保するにも四つの対策工の優先順位がある。

その評価の視点は、土塊が動こうとする力（主動）なのか、動き出たものを止めようとする力（受動）なのか。また時間が経てば安定化が進むのか、それとも不安定化に向かうのかという視点である。その二つの視点から評価すると対策工の優先順位が決まる。

すなわち、「一切・二盛・三抜き・四刺し」の順である。これは大切な名言ではないだろうか。

第七章　ダムに関する名言に秘められた教訓

緑のダムは幻

鳩山民主党政権当時、二十一世紀の新しい河川政策の目標としてコンクリートによるダムに代わる「緑のダム」構想が打ち出された。民主党の特別諮問機関の答申によれば、①我が国の森林の総貯水量はダムの九倍になる。水源涵養機能や土砂防止機能もあり、その効用はダムをはるかに上回る。②我が国の人工林は間伐等の手入れが間に合わず荒れている。一つのダムをつくる費用でダムを上回る効果が得られる、という。

「緑のダム」とは禿山を緑にすることではなく、林野行政に河川の治水費や水道事業費を流用しろということのようだ。

ダムの機能は洪水時に水を溜め、渇水時に水を供給することであるが、森林は雨の日には水を吸い取ってくれないだけでなく、常時、特に晴天時には葉面蒸発等で大量の水を消費する。「緑のダム」という耳触りのよい言葉の真意とはどうも逆であるようだ。「緑のダム」とは迷言であり、「緑のダムは幻」が名言なのである。

▼松下幸之助の名言「ダム経営論」より

「ダムをつくって貯めておいて必要なときに少しずつ流すようにすると、雨水の有効利用ができ、雨降りや日照りが多少続いても、そう困らなくても済むように企業においてもいろいろなダム、言い換えればゆとり、余裕をもてる仕組み体制というものを各所各面に設けた経営の進め方をしていくことが大事だ」

ダムは水を溜めて評価されるもの

私のかつての上司I氏から聞かされた名言がある。

「ダムは水を溜めて評価されるもの。ダムは大きなコンクリートの堤体を築造するのが目的ではない。水を溜める貯水空間をつくることが目的である」

日本の河川は急流で干天時には水がなく、豪雨時には河川があふれ災害をもたらす。洪水時の水を溜め渇水時に流す。こんな有難いものはないのではと思うのだが、最近、ダムは環境破壊だということで、大きな堤体は築造するが水を溜めない流水型ダムが登場してきた。I氏が聞けばどういうだろうか。

竹林征三著『ダムと堤防』

黒四ダム建設時の関西電力社長・太田垣士郎の名言

エネルギー確保を目的とした黒四ダムの建設は大阪発展の一大賭けであった。黒部トンネルは大断層・高熱地帯に阻まれ、プロジェクトの継続が危ぶまれた。関西電力は社運をかけて、当時の社長太田垣士郎が陣頭指揮を執った。そのときに名言が残されている。

「**人の和あれど、天の時を得ざれば志遂げず。山に従う者は、よく山を従え、人は山の意に従い、山また人に従った。わしが入らずんば誰が入る**」

これは土木の名言中、青山士の「万象に天意を覚る者は幸なり、人類の為め、国の為め」とともに二大名言だと思うのである。

- 経営者が十割の自信をもって取りかかる事業、そんなものは仕事のうちには入らない。七割成功の見通しがあったら勇断をもって実行する。それでなければ本当の事業はやれるもんじゃない。
- 四分の危険があっても、六分の可能性があれば私はやる。
- どんな仕事にも危険は伴う。その危険率をできるだけ縮めて、かつ、いかにして克服するかという点に経営者としての手腕がかかっている。危険を恐れては経営はできない。「できるとか、できないとか、結果は一切考えませんでした。無我です。あとは真っ白です。突撃です」

（プロジェクトX・黒四ダム断崖絶壁の難工事より）

▼笹島信義の名言

映画『黒部の太陽』は、関西電力が建設した黒部第四発電所大町トンネル現場で破砕帯に挑んだ男たちのドラマである。石原裕次郎が演じたトンネル屋が笹島信義である。

「土木は一人でできません。能力のある人達を集め、多くの力を一つにすることで、何十倍もの仕事ができる。それが面白味でもあります」

「ダム基礎学」を切り開いた柴田功の苦悩と遺言

「ダム基礎学」を切り開いた大先達・柴田功氏が後世のダム技術者に残した遺言書が『ダムと基礎・メモ帳』である。基礎メモ帳の冒頭はオペラ・ローエングリンの言葉「神よ、我等の知恵はたかがしれています。どうぞ我らに力をお授け下さい」より始まる。

「**科学は何人が実験しても同じ結果が得られる原理を探し求める学問だが、工学は組み合わせる事柄それぞれに対する科学を駆使して工作物をつくる学問。科学が明らかにされていないことがあまりにも多い。科学とその限界を知らねばならない。**知識の不足がわかる。勉強しなければならない。ダム事故から多くのことを学んだ」

さらに、「専門家として第一線で最低限に必要なグラウチングの設計・施工に真剣に取り組んでいるエンジニアに限ってみれば、温かくはない視線の環境下で、その苦悩は解決することなく続きそうである」。

ダム技術者間で伝えられてきたコンクリートの性質について次の名言がある。

「馬鹿と煙とコンクリートのクラックは上へ上へと上がりたがる」

コンクリートダムはコンクリートの塊である。大きな塊で巨大水圧に抗する。それが真ん中より割れたら大変だ。横継ぎ目の間隔が十五メートル以上になると、岩着面のその真ん中でクラックを生じて、どんどん上へ上へと広がってゆく。そのようなことから、横継ぎ目間隔は十五メートルに決まった。この数字は多くの経験により定まってきたものである。

ダム技術者とは、ダムでの事故の最悪の事態を思い浮かべ（冀思）、それに備える知恵を持ち、ダム事業（計画・設計・施工・管理）にあたる人である。

「ダム基礎学」を切り開いた柴田功

最悪のシナリオを冀思し、それに対し何らかのモデル化（数式等で普遍化あるいは禁忌や家訓化）をしなければ設計はできない。ダムにはどんな事故が待ち構えているのか知らなければ冀思できない。

ダム技術者は、ダムの事故・失敗の多くの事例を知り、いかなる想定外にも適切な対応ができることが求められている。

そのためにはダム技術の先人が経験した数々の事故・失敗の原因を知ることが大切である。

Lesson from dam incident ——Search for the aesthetics of Dam（ダムの美学を追い求めて）の心である。

それはダム基礎設計の鬼・柴田功氏の遺言書『ダムと基礎・メモ帳』の心であった。

鬼とは何か。

森羅万象にやどる　神仏の化身　そこに人間の真実の心がやどる
美しきもの　それが鬼なり
鬼かと見れば神であり　神かと見れば人間であり　人間かとよく見れば鬼なのである

ダム技術は鈍重設計

技術は日進月歩で進んでゆく。北朝鮮はみるみるうちに潜水艦から弾道ミサイル発射に成功したという。ＩＴ革命も凄まじい。ところが、治水技術は遅々として進まない。治水技術の中で唯一、巨大なダムを築造できるようになったことは、確かに大変な進歩である。

しかし、その発展の裏にはたくさんの失敗がある。これまでやったことのないことをすれば、失敗はつきものである。失敗すればその反省でどうするか、今後、同じ原因で事故・失敗を起こさせないように知恵の限りを使う。その結果、数々のダムの事故・失敗から学んだ設計哲学が生まれる。ダムは先端技術を追い求めるのではなく、「**ダムは鈍重設計技術**」の美学をよく理解することが重要だ。

▼ダムの基礎処理グラウチングにはケミカルグラウトは使用しない

ダムの基礎処理グラウチングに悩まされ続けた。ケミカルグラウトで効果があったように見えても、時間が経つと地下水の溶存成分で変化したりするのだ。ケミカルグラウトには長期的な強度は期待できない、つまり、ダムの基礎処理には向かないことがわかり、使用しないことになった。

▼ダムに有機素材は使用しない

コンクリートの表面に有機素材を塗布すれば、しばしの間はピカピカ・ツルツルで美しく仕上がったように見える。しかし有機素材は時間の経過とともに劣化・変色する。一方、天然素材は面反射せず、乱反射するから美しい。大自然の神様は面反射はつくらない。ダムは百年の計の構造物であるので、有機素材は使用しないことになった。

▼岩着の心

ダムの基礎面は丁寧に雑巾で岩盤清掃して、敷モルタルをしてコンクリートを打つ。コンクリートとの着岩を確実にするコンタクトグラウトをする。ダムの一番の哲学は「岩着の心」なのだ。

▼すべて圧縮で設計

ダムの設計の基本はすべて圧縮で設計すること。引張ゾーンはつくらないのがミドルサードの設計である。土木の大発明・鉄筋コンクリートは使わない。引張ゾーンは鉄筋を使えばよい、という安易な方法は邪道である。

▼バイブレーターが命

ダムコンクリートはより耐久性と強度を重視して、施工のしやすい小粒径の骨材を避けて、大粒径の骨材で水セメント比の少ない**超堅練りのコンクリートを追求してきた**。そのためにはバイブレーターが命である。まだ固まらないコンクリートが勝負なのだ。

▼横継ぎ目をまたがない

主要構造物は横継ぎ目をまたがない。横継ぎ目間隔は十五メートルである。何故かそれより広げると岩着面の真ん中からクラックが入り、上へ上へと伸びる。繰り返しになるが、「馬鹿とコンクリートのクラックは煙と一緒で上へ上へと上がりたがる」は、名言である。

▼トンネル洪水吐は設計しない

これまでにグロリーホール、朝顔型洪水吐に立木等が詰まり、それが原因で越流破壊されたダムがどれだけあったか。その教訓で、トンネル洪水吐は設計しない、となった。

▼人はごまかせても、大自然はごまかせない

現場の役所側の技術者は、諸々の検査官から指摘され、それを議会等に報告されるのが怖いという。だが、検査する側も人間ではないか。**人間をごまかすことはできるかもしれないが、大自然はわずかな水みちでも見逃すことはない。**試験湛水の心である。

▼機側操作の原則

遠隔操作でなく、現地での操作が基本である。元来操作するものは機側が原則である。動く物を操作する者が、直接自分の目で見るべきである。

▼数十メートル以上の表面遮水壁は設計しない

不等沈下等でどれだけ補修にかかってきたことか。

▼スキージャンプ減勢工は設計しない

いくら下流の岩盤が堅硬に見えても、ダムからの落下水脈のエネルギーにはかなわない。時間と共に洗掘されてしまう。

ダム設計の先人はどれだけ大変な目にあってきたか、多くのダムの事故・失敗から見えてくる。それが数々の鈍重設計の哲学である。

沢田敏男の記念碑

伊賀市名誉市民で平成十七年十一月に文化勲章を受章された沢田敏男先生のご功績を称え、伊賀市青山支所前に記念碑が建立された。石碑に名言が刻されている。「**農は国の大本なり**」「**水利は農の命脈なり**」

沢田先生が指導に関わったダムの数は農水、国交省、電力等を含め二百二十に及ぶ。

「科学技術はどんどん進歩していくが、精神的に病んだ事件が多発する社会になっている。それに対処するには、人間の自己向上心を**作興**（さっこう）（奮い立たせること、盛んにすること）しなくてはいけない。つまり精神が大事な時代なんです」。作興という言葉が沢田先生の好きな言葉だといっておられる。

沢田敏男

沢田敏男の記念碑

第八章　先人が遺した治水に関する名言

武岡充忠の名著『淀川治水誌』に見る治水に関する名言

大阪市住吉区長だった武岡充忠は名著『淀川治水誌』をまとめられた。淀川改修に至る経緯と河川法成立の裏話を実に克明に記し、書の各所に治水の名言が書き残されている。

「一寸赤心惟報国」（内務大臣安達謙造）

少しの、真心、これ、国に報いることだ。

「治水は政道の要諦なり」

武岡充忠

・柴田善三郎が大橋房太郎（淀川・寝屋川の治水に功績）のことを評して「忘私徇公。或いは情を台閣に陳し、或いは衷を民間に訴えて奮闘努力せる歴史にして又風餐露宿屡空しきをも顧みず、身を殺して、仁をせし熱涙の痕跡」。まさに名言である。

・「淀川によって生活し成長しつつある大阪市民が淀川について何らかの智識もなく、只水は天然に流れ、永遠に涸れないということだけを知っているだけでは、その恩沢に報いる道ではあるまいと思う」。名言ではないだろうか。

- 「斯く知ったならば此れに愛護の念が起こるであろう。川に限らず、如何なるものでも、これを自然に打ち委せて置けば荒廃滅亡に帰するばかりでなく、その害を人類に及ぼすこと甚大なるものあることを看取せねばならぬ」「人力が自然のこの破壊力に打ち勝って行くことに人類としての永遠の大生命が刻々に開かれて行くのである」
- 「**治国の要道は治水にあり**」と古人が喝破された。
- 「明治初年には蘭人工師が調査設計したもので所謂低水工事であった。この時代は百事忽卒の時であり、治水の大計画の如き、真味の事業は出来なかった。淀川に対する百年の大計を樹立するに至ったのは明治十八年洪水後の沖野忠雄博士の計画であった」
- 「政府をして淀川**治水百年の大計を樹立せしめたことは、何といっても輿論の力であった**と信じる、政府の力のみを以て出来得べき事では無い」
- 「デレーケ測量設計に従い……川筋に限り現場の所謂ケレープ工事を施されたるのみ、……船舶の往来に礙なきを主とするものにして、即ち低水工事に外ならず。嗚呼何ぞ彼等の多福にして、我等の不幸たる。但し去る明治二十二年に年度中の出水の如き、十八年度の変災に比すれば、一層危険の度に達し、沿岸の財産、人命は、挙げて蕩尽せんとしたりしも、幸いにして上流の堤防に於ける局部破壊にとどまりたるを以て辛くも九死の中に一生を得たり……」

•「若し夫れ霖雨一たび至や河水滔々濁浪天を蹴て奔流し、忽ち堤塘を決壊して田宅に氾濫す、桑田変じて蒼海となるもの一転瞬を待たざるなり、幼老飢えに叫び親子道に哭す、家財は蕩尽してその影を留めず、田畝は荒蕪して秋収あるなく、東西困頓その状況の惨憺たる実に見るに忍びざるものあり。天下悲惨の事多しと雖も、未だ水害の如く太甚しきものある無く。而して澱川（よどがわ）沿岸の人民は実に此れ悲境に沈淪すること屡なり」（沈淪とは下層に沈んで頭を出さない。おちぶれること）。**災いの中で一番みじめな災いは水害だ**といっている。

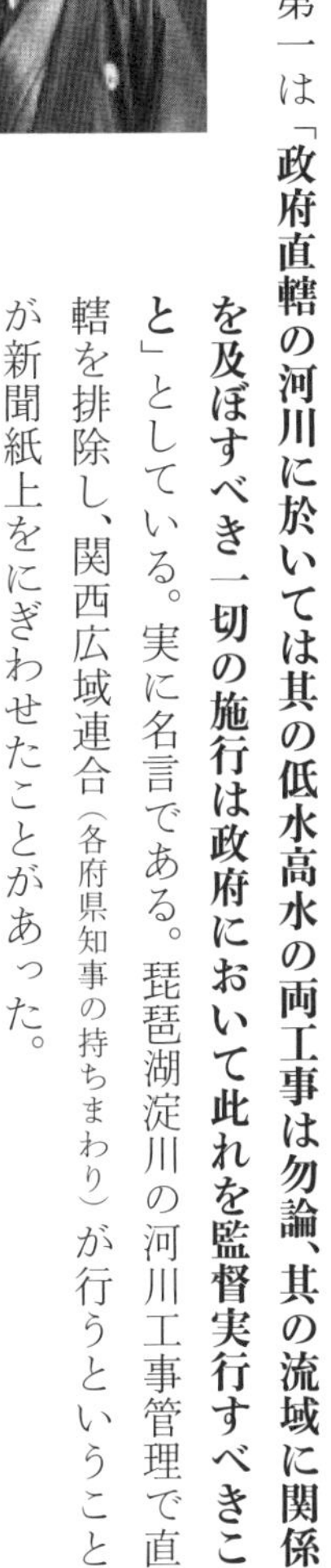

湯本義憲

•湯本義憲（衆議院議員）による明治二十四年十二月十七日の治水に関する建議案は六条よりなる。その第一は「**政府直轄の河川に於いては其の低水高水の両工事は勿論、其の流域に関係を及ぼすべき一切の施行は政府において此れを監督実行すべきこと**」としている。実に名言である。琵琶湖淀川の河川工事管理で直轄を排除し、関西広域連合（各府県知事の持ちまわり）が行うということが新聞紙上をにぎわせたことがあった。

•坂本助太郎・内務省土木出張所長の名言。

「**人類文明の発源地は河川である。河川無くして文化無し**」

坂本助太郎

▼大橋房太郎氏の述懐

「不肖淀川と戦うこと半世紀、或いは妻子を棄てて、家を省みず、命を生死の間に置きて西走東奔し、一難を突破して又一難生じ、天を仰ぎて長歎久ふせしこと幾度なりしを知らずであった」

TVAの指導者・リリエンソール氏とルーズベルト大統領の名言

デビッド・リリエンソールはTVA（テネシー川流域開発公社）の指導者である。

TVAは世界恐慌時、フランクリン・ルーズベルトがニューディール政策における失業者対策として、三十二の多目的ダム建設により雇用をつくり出し、失業者に大量に仕事を与えた世界初の地域開発プロジェクトである。

リリエンソールが指導したTVAモデルには二つの柱がある。一つ目は「大規模な河川総合開発」、二つ目は「草の根民主主義の精神」である。

日本においては一つ目の大規模総合開発の技術的方法論のみが取り入れられ、二つ目の「草の根民主主義の精神」は取り入れられなかった。

以下はリリエンソール『TVA——民主主義を前進する』（和田子六訳、岩波書店、一九四九年）より。

▼リリエンソールの名言その一

「TVAを訪ねてくれる外国人が特にはっきり気がつくことは、TVAが一般に通用する言葉、つまり肥えた土地・森林・電力・燐鉱・工場・鉱石・河川、といったいずれも住民の生活に密接な関係を持っているものを言葉にして話しているということだ」「TVAが（権力機構からではなく）民衆と一緒になってやっている」

▼リリエンソールの名言その二

「**一河は万河に通じる**」の発想のもとに、河川流域の総合開発によって河を民衆に奉仕するものに変え、流域住民に新しい生活の糧をもたらすことである。

▼リリエンソールの名言その三

「**固有の文化の再生こそが真の国際性を持つ**」。リリエンソールの高い理念では、**河川総合開発とは地域固有の文化を創造するためのもの**であるとしている。これは私が主張する風土工学の理念そのものである。風土工学は利便な国土形成のための土木事業でなく、誇りうるその地の風土文化形成の核となる土木事業でなくてはならない。リリエンソールのTVAプロジェクトは地方分権の現代的モデルであり、世界に向けて発信しうると確信していた。

リリエンソール

私の風土工学はその地の六大風土との調和を訴えている。また、青山士が土木技術者は「万象に天意を覚る者であれ」といっていることは、リリエンソールが「固有の文化の再生」のためのTVAであれ、といっていることと同じことである。農業を再生し、産業を起こし、企業者精神を呼び起こそうとする高い理想主義が特徴的である。

▼リリエンソールの名言その四

大規模工場やオフィス、大都市の中で、「**個人が小さく見える社会は衰退に向かう社会である**」と指摘・警告している。

「資源の開発にとって最も重要な存在は民衆である。個人の幸福と繁栄はその真の目的であるばかりでなく、それは開発をやりとげるための手段である。かれらの叡智、かれらのエネルギーである。かれらの精神力は、その道具である。それは、〝民衆のために〟ばかりではない、〝民衆の手で〟なされるのである」

重要なのは、「民主主義的方法の唯一の強み」である、「地位や職業にかかわらず、個人の創意とか技量の誇りとか人間の創造的叡智といったことを刺激し解放する道を開いておくことである。科学の世界も、巨大な機械の世界も、やはり人間の世界である」

残念ながらリリエンソールの理念である、本来のTVAモデルは日本においては受容されなかった。そこでは大規模総合開発の技術面のみが尊重された。

▼ルーズベルト大統領の名言

「計画性の欠如により人類がいかに無駄に浪費したかは多くの事例が我々に示している」

▼寺田寅彦の名言

災害についての最も有名な名言は何といっても寺田寅彦の「**災害は忘れた頃にやってくる**」ではないだろうか。寺田寅彦の災害に関する名言で知って欲しい重要なものがある。

「ものを怖がらなすぎたり、怖がりすぎたりするのはやさしいが、正当に怖がることはなかなか難しい」

「現在の人間はわずかばかりの科学の知恵を頼んで、もうすっかり大自然を征服したつもりでいる」

治水の神・禹王の治水の心

▼「**神禹之功**」「**雖大禹不過此也**」**等々**

全国各地の治水の功績者の生き様は、まさに治水神・禹王の事績に匹敵すると記されている。それぞれ事績を読んでみるとまさに禹王に勝るとも劣らない。石碑に禹王の功績に匹敵すると刻されるということは、考えてみれば実に大変なことであると思う。

禹王の業績とは中国の四千年前の「鯀の失敗・禹の成功」(治水神・禹王の物語)である。「水を治めるもの国を治める」。この名言は古今東西にわたり普遍である。

治水の神・禹の伝説は四千年も昔の中国の神話であり、日本の治水とは関係ない。ましてや科学技術の進歩した現在の治水とは何ら関係がないといわれるかもしれない。そうではない、脈々と現在の治水に有益なメッセージを伝えている。

禹の治水とは何かを理解するためには鯀の治水の失敗との対比で論じることが重要である。鯀は、黄河の大氾濫を治めるために、結果を急ぐあまり河川の挙動・自然の理を十分に理解せずに大土工事で破堤箇所を連続堤により塞ぐ治水(湮の治水)を行った。一時的に成功したように思えたが、またすぐに破堤を繰り返し失敗した。その後を受けた禹は鯀の治水の失敗の原因を徹底的に学ぶとともに全国の河川を調査し、先人の素晴らしい知恵を追い求めた。伏羲と女媧に自然現象の循環・輪廻の理解法や精密な測量(定規とコンパス)技術を学んで、いろいろ理に叶った実践を重ねること十三年、家庭を顧みず自分の身体は足が不自由になりボロボロになってしまったが、その結果、治水の成功をおさめた。

禹の治水の一番大切な点は**先人の失敗から謙虚に学ぶことである。技術の歴史は失敗の克服の歴史である。**禹は治水の成功により治水の神となり、固辞したが禅譲の形で帝位を譲られ中国で初めての統一国家・夏王朝初代の王となり、王位に就くこと四十五年、徳性により中国古代の聖王中の聖王となった。

▼**禹聞善言則拝**

治水に功があり、夏王朝の始祖となった聖天子の禹は、自分に誡めとなるような言葉を聞くと立ってお辞儀をして諫言を歓んで受け入れた。「**禹聞善言則拝**」は孟子が禹を称えた一節である。

▼**石碑に刻された日本各地の治水の先人**

禹王の治水の事績に匹敵すると高く評価されて石碑に刻されている治水の先人が日本各地にたくさんおられる。禹王遺跡に記された治水の先覚を思いつくまま列挙し、名言をたどってみよう。

▼**明治以前では**

・西嶋八兵衛（慶長元年（一五九六）～延宝八年（一六八〇））　讃岐の香東川の治水他、多くの農池でダム築造の神様になる。八兵衛が後世に残した名言は「**大禹謨**」（大きな禹の謨・はかりごと）である。**治水の心・国家百年の計**である。

・田中丘隅（寛文二年（一六六二）～享保十四年（一七二九））　富士山宝永噴火以降、河道定まらない酒匂川の治水の大功績者である。丘隅の著作『民間省要』に「**川状を無視した定型の水勢は誤り。現場を知らない請負人はダメだ、川の状態に合わせた治水工法を！**」。丘隅は禹王を祀った。

・島道悦（島左近の孫）　淀川、中津川の治水・蛇行の直線化・新田開発の功労者である島道悦の治水は禹鑿の手の如し。

・中村惣兵衛　一七五〇年、天竜川の未満水（大洪水）で、長野県高森町に惣兵衛堤防を築く。禹余堤という。

・角倉了以　富士川の水運。

・河村瑞賢（元和四年（一六一八）～元禄十二年（一六九九））　淀川の治水。

・川村孫兵衛（天正三年（一五七五）～慶安元年（一六四八））　北上川の治水。頌徳碑に「ああ神禹以下皆然り、神禹以降唯公あるのみ」と刻されている。

・稲垣重綱（天正十一年（一五八三）～承応三年（一六五四））　大和川の治水。

・疋田不欠（ひきたふかん）　臼井川の治水。碑に「禹が洪水を治め、后稷（こうしょく）が農業を教えた」と書かれている。

・水埜（みずの）千之右衛門（享保九年（一七二四）～文政五年（一八二二））　新川の開削・庄内川の改修。

▼明治以降では

・金原明善（天保三年～大正十二年）　天竜川の治水と植林。三信条がある。名言である。**①実を先にし、名を後にする。②行を先にし、言を後にする。③事業を重んじ、身を軽んず。**

・金森吉次郎（元治元年～昭和五年）　揖斐川の治山治水、揖斐川の澪切りの英断。巨万の富を公共事業に費やし、顧みず惜しむところなし、「**治水の基は治山にあり**」

・山田省三郎（天保十三年～大正五年）　禹の治水を目指す木曽川、長良川の治水。「**我は禹に比する**

は畏れ多く憚ると雖も、吾は一身を国家・治水に委ねている。艱難を敢えて辞するところに非ず」

大橋房太郎

・大橋房太郎（万延元年〜昭和十年）　淀川・寝屋川の治水。淀川の治水翁と激讃されている。「**役目は一戸長にすぎぬが国家人民を思う一念は敢えて閣下（西村捨三・大阪府知事等を務めた内務省官僚）には譲りませぬ**」

・建野郷三（天保十二年〜明治四十一年）　大阪府知事、淀川伊加賀切れ洪水、態と切りを決断。桜宮神社の澱河洪水記念碑銘。伯禹なかりせば、人みな魚なり。

・関義臣（天保十年〜大正七年）　大阪府権判事。明治元年淀川大洪水を五カ月で復旧。明治戊辰唐崎築堤碑。一片の豊碑、足れ廟禹なり。

・沖野忠雄（嘉永七年〜大正十年）　治水港湾の祖、機械化施工の祖。淀川改修紀功碑に記す。

・古市公威（嘉永七年〜昭和九年）　日本の近代工学の祖、東大構内に銅像。

▼その他

・杉田定一（九頭竜川の治水）、船橋隋庵（利根川関宿）、河村峯（岡山誕生川）、篠田清蔵、大岩八郎（鳥取米金井手）等々

日本の各地に治水の先人の頌徳碑が建立されている。その石碑の碑文に禹王の治水に比肩さ

れるべき治水の功績だと高らかに刻されているものがある。それらを禹王遺蹟と称している。
二〇一七年九月現在、日本各地に百四十弱が報告されている。そのうち特に内容の豊かな石碑の場所でこれまでに七回、禹王サミットと称した会が開催されている。

第一回　平成二十三年　神奈川県開成町　富士山の宝永噴火後、暴漲氾濫を繰り返していた酒匂川を見事に治めた田中丘隅の業績を称賛し、文命宮、文命東碑と西碑

第二回　平成二十四年　群馬県片品村　利根川源流、大禹皇帝碑、鳥虫篆書体七十七文字

第三回　平成二十五年　香川県高松市　大禹謨碑、西嶋八兵衛の香東川の治水、ダム築造の名人

第四回　平成二十六年　広島市安佐、太田川　大禹謨碑、太田川の治水の要の地　平成二十六年広島豪雨災害で紙上開催となった

第五回　平成二十七年　大分県臼杵市、臼杵川　治水神禹王と農業神后稷合祀の壇と不欠塚

第六回　平成二十九年　山梨県富士川町　富士水碑、禹之瀬開削三十周年記念

第七回　令和元年　岐阜県海津市　禹王木像（高須藩主松平義建）　伊勢湾台風六十年

▼禹王・五徳・五讃

一つ、人の世の為、自己犠牲。偏枯。これ禹王の仁義・徳の証なり

一つ、天の理・人の知恵を求め・苦節十余年・家門を過ぎる事三度。これ禹王の礼・徳の証なり

一つ、柔弱にして百を求めず・水の性に逆らわず。右に曲尺・左にコンパス。率先治水。是禹王の智・徳の証なり

一つ、権力に迎合せず。地位を求めず、正言を拝し、諫鼓を鳴らす。是禹王の忠信・徳の証なり

一つ、治水の神・禹王の思い、地平にして、天成る。禅譲やむなし。是禹王の孝悌・徳の証なり

第九章　政治家・マスコミの迷言

混迷の治水に導く迷言

▼美濃部亮吉（東京都知事）「一人でも反対があれば橋を架けない」

この迷言の政治哲学の基に公共事業を進めなかった。この言葉には実は続きがありそれを省略したものである。どちらかといえば逆のイメージが強い。

実際は、アルジェリアの独立運動に指導的役割を果たした思想家フランツ・ファノンの「一人でも反対があれば橋は架けない。その代わりみんなで歩いて渡る自由を享受しなければならない」の下の半分を故意に省略したものと推察される。

同じような例だが、「情けは人の為ならず、めぐりめぐって己の為」という人生訓の下半分を省略して、情けをかける相手にとってよくない、と考える若者が増えているようだが、全く逆の意味である。美濃部知事の言葉は世の中に相当誤解されて伝わったのではないかと思われる。迷言に位置付けられよう。

▼「コンクリートから人へ」「脱ダム宣言」「ダムによらない治水」

民主党政権当時の国土交通大臣・前原誠司　「予断を持たず八ッ場ダムについて検証する。しかし八ッ場ダム中止は変わらない」。これでは、中止は変わらないと予め決断している。そのことを予断というのではないだろうか。マスコミは面白ければ、騒ぎが大きくなるように仕向ける。

日本で唯一残された天然河川・長良川を守れ

長良川河口堰の反対運動は「日本で唯一残された天然河川・長良川を守れ」のキャッチフレーズと共に大きく盛り上がった。実は長良川は人工水際率が日本で二番目の人工河川なのである。

このことを何度もマスコミに申し上げたが、一向に聞く耳を持たなかった。それはそうだ。人工河川となれば、長良川の反対運動は成り立たなくなる。このフレーズは国民を惑わす迷言なのである。

一級河川の人工水際率ベスト5

河川名	延長(km)	人工化された水際線(km)	人工化率(%)
本明川	16.0	16.0	100.0
長良川	147.0	124.3	84.6
鶴見川	44.0	37.0	84.1
天神川	32.0	25.3	79.1
重信川	32.0	24.5	76.6

注)環境庁:第3回自然環境保全基礎調査(1985年)による

鵜は賢いから人工のアユは食べない

長良川河口堰の反対運動が盛んだった時期に環境庁（当時）長官になった北川石松は、「鵜は賢いから人工のアユは食べないので、長良川の名物の鵜飼いはなくなる」といっていた。「鵜呑みをする」ということは、何たるかを識別することなく呑み込むことである。ところが、鵜はアユでもウグイでも何でも識別することなく呑み込むのである。北川長官は「鵜呑み」の意味がわかっていなかったということになる。

「鵜は賢いから人工のアユは食べない」は迷言なのだ。

第十章　真髄をついた警告としての名言

天の大鉄槌

「明治十八年の大洪水の如きは、永年河身の改造もせず、そのまま打ち棄てて居ったから、河神の怒りに触れ、遂に古今未曽有の大水害を惹起するに至ったのである。適当に人力を加え水の性に依って治めて行ったならば、百利あって一害無しという、名川となるであろうと思う。明治十八年の大水害は確かに、其の怠慢を覚醒せしめた天の大鉄槌であったというべきである」。武岡充忠の名言であった。

お天気キャスター森田正光の著書『理不尽な気象』に名言がある。

「私達が目指してきた『安心で便利な暮らし』がどうも人々の想像力、危険を察知する能力を摘み取っているような気がしてなりません」

確かに、最近は少しでも災害の危険性が予測されれば、対応が遅れたと叩かれるのが怖いため、行政側はすぐに「避難・避難」の乱発である。

治水の学者・役人の一挙手一投足

治水の学者・役人の一挙手一投足には、住民の生死がかかっている。

▼横田切れ口説きの一節・実に厳しい名言

横田切れ口説きは宝暦七年（一七五七）の横田切れと明治二十九年（一八九六）の横田切れの際の二編の口説き節が知られている。作者は不明である。多くの人々に広く伝えられてきた。叙事詩的長編唄で水害の悲惨さを後世に伝える貴重な無形文化財である。

「勲位高官華美をば好み、上下奢りて気儘の自由、神や仏の誡めなるぞ、坊主・教員・官吏の類、人の上座に座らば尚も、教え守りて道をば踏めよ、金銭欲しくて其の職とれば、本を忘れて末のみはしる」

地名は警告する・谷川健一の名言

「それらの地名は、ここは危険な地域だから、ふだんから警戒を怠らぬようにと予告しているのである。それは地震や洪水や津波に対する警告にとどまらない。人間が大自然の中の存在であることを忘れないようにとの警告でもある」（谷川健一『地名は警告する――日本の災害と地名』冨山房インターナショナル、二〇一三年）

藤井聡（京都大学教授）の名言

令和元年の台風十九号災害について（産経新聞十一月十二日正論壇）。

「ダムや堤防、河道掘削など、しっかりと投資した個所は決壊を免れ、そうでなかった個所は決壊を生じた」

「**財政規律を優先する財政運営は無慈悲で破壊的である**ばかりでなく、財政悪化を導く愚か極まりないものである」「**国民の生命と財産よりも財政規律を優先するような、無慈悲かつ破壊的な財政運営を続けてはならない**」

脇水鉄五郎の真髄をついた警告

脇水鉄五郎は明治から昭和にかけての地質学者であり、土壌学者である。オーストリアで森林土壌学、イタリアで砂防学を研究し帰国後、母校の東京帝国大学で地質学・土壌学の教授となり、表層地質学の新天地を開拓した。退官後、史蹟・天然記念物の調査員として活躍し『日本風景論』『耶馬渓彦山風景論』などの著作を残している。巨大災害の世紀に突入し毎年大災害が生じ、その復旧・復興に多大な国費を投じているが、本当に最適な策を講じているのか考えさせられる事案があまりにも多い。脇水鉄五郎の名言は核心をついた警告である。

「刻下の問題は如何にして被害を復旧し如何にして水害を杜絶すべきかにあれども山地崩壊

の復旧と予防とは宜しく、**その原因を究め、しかる後、之に応ずる策を講ぜざるべからず。**若しその応急策にして当を得ざらんが、莫大の失費と労力とは徒費と徒労と帰する免れざるべし」

地質工学の祖・渡邊貫の真髄をついた名言

我が国の地質工学の祖というべき渡邊貫（とおる）の名著『地質工学』には数々の名言が残されている。そのいくつかを書き残したい。

「**我国では責任者や犠牲者を出すのがどうのと言った小役人根性の故か、事故の原因を少しも明らかにしない傾向がある**のは甚だ遺憾である。**事故は事故として原因を明らかにして責任を負うべきものは潔く負えば良い**」

これは岡部三郎による信濃川大河津分水のベアトラップ堰設計の失敗による事故について、感想を述べた名言である。

「全工事費に比して地質調査費はボーリングなどの多少の経費は要するがごく僅かである。何といってもつまらないのは、決壊後の跡始末や復旧改良費が何倍も高くつくこと」

これは誰もいわないが、実際そうである。個人の被害額、治水費と災害復旧費（予備費）、自衛隊費（国防費）等はすべて財布が違うので合算されることはない。

「**元来素人というものは得てして始めは専門家をむやみに高く評価しすぎて信用する**」

「未熟な地質技師の作成した地質図を鵜呑みにする」

「地質学者は自分で見てきたような嘘八百の絵空事をいう」

地質技術者のレベル・真価はすべての科学的知見に辻褄が合う絵空言を語ることができるかで決まる。その地の創生物語である。その地の地質構造を解き明かす。それができる有能な地質技術者がよい工事計画をつくることができる。

「土木地質学なしに経済的工事は不可能である」

専門家の言を簡単に信じてはならない

▼**「桜島爆発記念碑」**

鹿児島県桜島の東桜島小学校に有名な「桜島爆発記念碑」が噴火後十年経った大正十三年に村によって建立されている。裏面には次のように記されている。

「大正三年一月十二日、桜島の爆発は……八部落を全滅せしめ百四十八人の死傷者を出せり。其の爆発の数日前より地震頻発し……など、刻刻容易ならざる現象なりしを以て、村長は数回測候所に判定を求めしも、桜島には噴火なしと答ふ。故に村長は残留の村民に、狼狽して避難するに及ばずと諭達せしが、まもなく大爆発して、測候所を信頼せし知識階級の人、……

住民は理論に信頼せず、異変を認知する時は、未然に避難の用意尤も肝要とし、平素勤倹産を治め、何時変災に遭も路途に迷はざる覚悟なかるべからず。茲に碑を建て以て記念とす」

▼昭和二十八年有田川・花園村災害記録

昭和二十八年の有田川・花園村災害の記録には以下のようにある。

「参議院議長さんが視察においでになった時は大学の先生が大勢来てくれて、ずーと一緒でした。その時、このダム（天然ダム）は永久に切れない、大丈夫ですと皆が言ったのです。落ちた山が大きくて、幅が大きいのでダムは切れないと。ところが一人だけ、年の若い大学の先生がダメですと言ったんです。ダムがコンクリートなら持ちます。このダムは土砂でできています。このダムはもたないといったのです。二カ月後の台風の時にその先生が言ったようになりました」

第十一章　求められている風土工学と環境防災学の視座と展開

治水技術は文明創造技術

人類が集団生活を営み始めたときから洪水に悩まされ、その対応として生まれて進展してきたのが治水技術である。一方、人は一日たりとも飲水なくしては生きていけない。洪水から生命と生活を守る技術を獲得しなければ、地域の開発も文明・文化も発展させることはできなかった。

日本は二千年来国土を開発し続け、世界で類例を見ない質の高い文明・文化を育ててきた。それを底辺で支えてきたのが、河川治水技術の錬磨とその成果であったことを忘れてはならない。治水技術の難しい点はそれぞれの河川で個性があり同じではないことだ。川はつねに変化流転して一時も同じでない。ある河川で成功した技術が他の河川でも成功するとは限らない。同じ河川でも、昔は成功したが今後これからも成功するとは限らない。その地の六大風土の個性に適合した治水が求められている。風土工学の説くところである。

多くの近代科学技術は普遍性を追求して止まない。その結果、一つの普遍のモノに収斂していくが、古今東西に通じる治水の真髄は、その河川に最も適した技術を駆使することである。同じ堤防は二つとない。その地ならではの堤防が求められている。それが治水の普遍の法則なのだ。

環境防災学とは

『環境防災学』とは、次の四つの視点によるものである。①**自然災害は一番の環境破壊であること。②大災害から災害を減ずる防災・減災の事業は最も重要な環境保全の根幹である。③人工災害とか自然災害とか識別したがるが、すべての災害は連続体である。**④戦争・テロ、疫病、盗賊に遭遇することも災難なのである。

すべての知見を動員せよ

阪神淡路大震災と東日本大震災を境にして、巨大災害の世紀に突入したのであろうか。これまで地球は平穏期であったがどうも平穏期から活動期に移行したようである。

大地変動・設計論の考えが重要になってきた。これまでの科学的知見、防災の知見だけではとらえられないグローバルな視点が求められている。災害の種は大地変動現象である。地表面変状だけを見ていてはダメで、大地変状、さらには地球内部から地殻変動現象を考えなければならない。それに対して防災の知恵は基礎科学（理学）と応用科学（工学）、それに計測探査技術の知恵

■ 大地変動・設計論 ■
大地変動現象
(災害の種)
防災の知恵
人類文明・活動
地殻現象
地震活動
活構造（活断層 活褶曲）
(副次的)津波
火山活動
(溶岩流 火山灰 etc.)
地質鉱物変質（膨潤 etc.）
大地変状
地辷り
山体崩壊
深層崩壊
斜面崩壊・崖崩れ etc.
土石流
地表面変状
河川営力（侵食・堆積・氾濫・自然堤防 etc.）
液状化・埋立て
地盤沈下・浮き上がり
地盤造成・改良
基礎科学（理学）
火山学
地震学
地質学
鉱物学
地形学・地理学
陸水学（地下水）
地震学会
第四紀学会
地質学会
活断層学会
計測探査技術
微化石（花粉他）C14
テフラ、GIS、地盤探査技術
トレンチ（目視）
応用科学技術（工学）
環境考古学・地震考古学
鉱山探査採集技術 etc.
土木・砂防技術
岩盤力学・応用地質学
地盤工学・砂防学
河川学・湖沼学・海洋学
構造工学・構造力学
(耐震・免震・制震設計技術)
面インフラ
都市 産業活動地
(工場・ビル群・地下街・住宅地)
農地
耕地
牧草地
山地・林地
新田開発
埋立て・干拓
線インフラ
鉄道・リニア etc.
道路・高速専用道
堤防・防潮堤
電気・ガス・通信
上・下水道
用・排水路
点インフラ
発電所・原発
ダム・堰
ビル・住宅・施設
工場
空港・港湾
備蓄基地

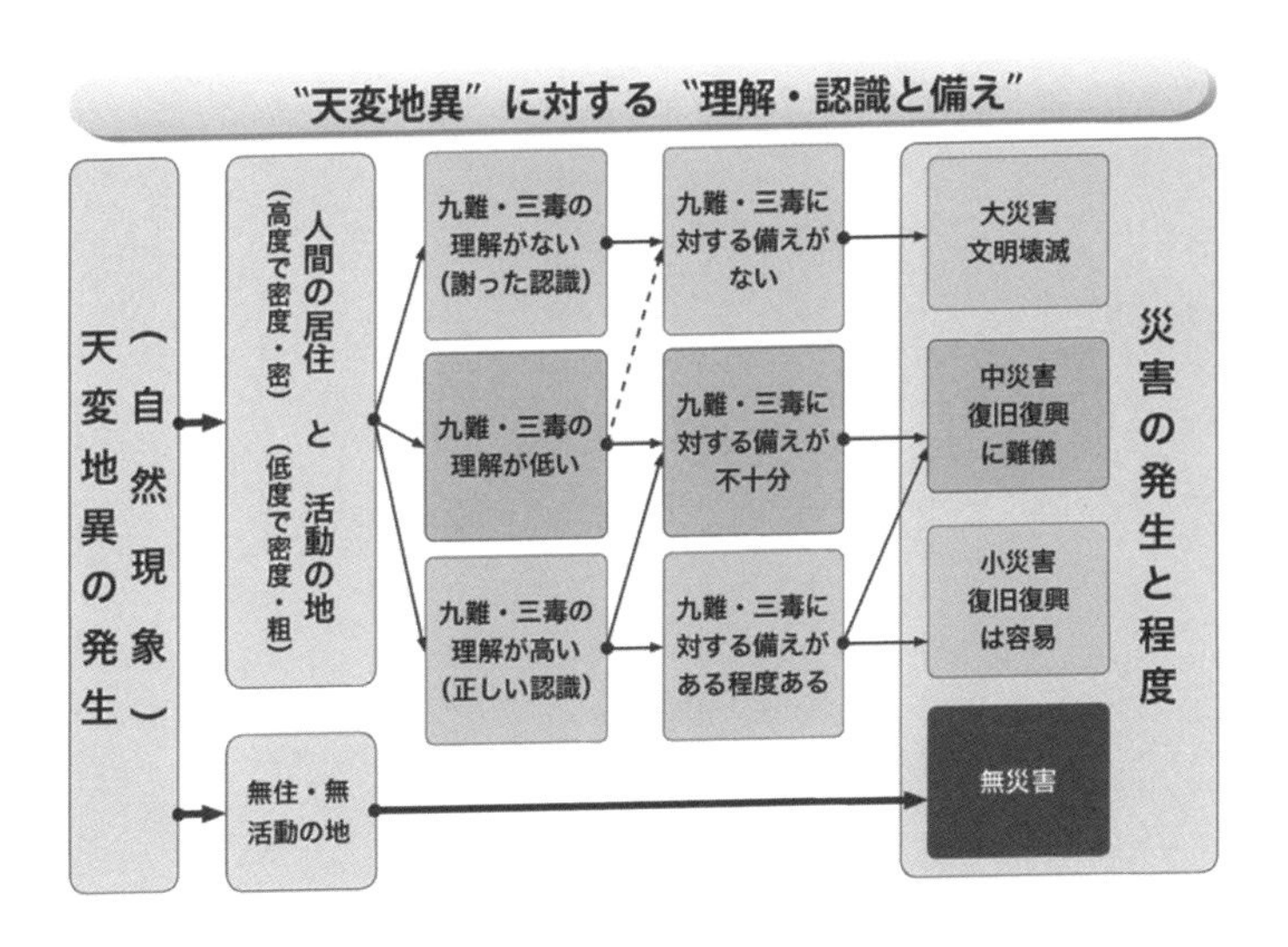
“天変地異”に対する“理解・認識と備え”
天変地異の発生（自然現象）
人間の居住と活動の地
(高度で密度・密)
(低度で密度・粗)
無住・無活動の地
九難・三毒の理解がない（謝った認識）
九難・三毒の理解が低い
九難・三毒の理解が高い（正しい認識）
九難・三毒に対する備えがない
九難・三毒に対する備えが不十分
九難・三毒に対する備えがある程度ある
災害の発生と程度
大災害
文明壊滅
中災害
復旧復興
に難儀
小災害
復旧復興
は容易
無災害

を総動員しなければならなくなってきた。人類文明・活動も「点のインフラ」、「線のインフラ」、さらには「面のインフラ」と多方面にわたって防災を考えなくてはならなくなった。

大切なのは天変地異に対する理解と認識

天変地異に対する理解と認識により災害への備えが変わってくる。自然現象としての天変地異が発生しても人間の無住・無活動な地域では災害は起こらない。無災害なのである。人間の居住と活動の地の状況と、地球九難（苦難）の理解の度合と、それに対する備えの度合により災害の規模も大幅に異なり、その復旧・復興の度合も大きく異なってくる。大切なのは天変地異に対する理解と認識の度合である。

自然現象と人工災害のはざま

自然現象と人工災害の〝はざま〟が重要である。

災の〝もと〟（原因）は地震や台風などの自然現象と戦争やテロなどの人為・人工現象があるが、人間の判断と対応によって結果としての災害の種類と程度は月とスッポンほど変わってくる。それに対する復旧・復興、さらには災害の連鎖も大幅に変わってくる。二次災害、風評被害、治安の悪化等の方が被害は深刻になる。要は原因と結果の〝はざま〟が重要なのである。

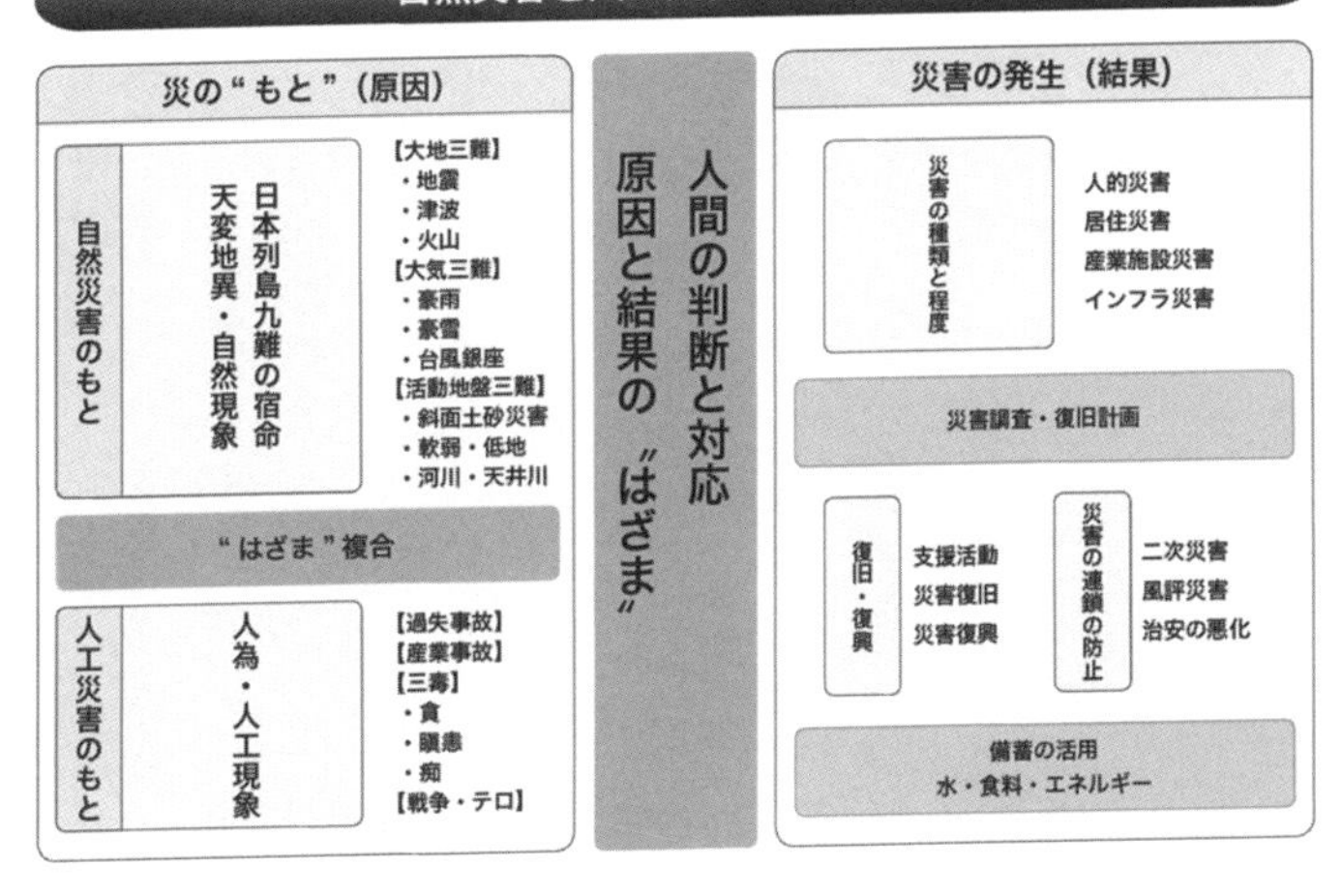
自然災害と人工災害の"はざま"
災の"もと"(原因)
自然災害のもと
日本列島九難の宿命
天変地異・自然現象
【大地三難】
・地震
・津波
・火山
【大気三難】
・豪雨
・豪雪
・台風銀座
【活動地盤三難】
・斜面土砂災害
・軟弱・低地
・河川・天井川
"はざま"複合
人工災害のもと
人為・人工現象
【過失事故】
【産業事故】
【三毒】
・貪
・瞋恚
・痴
【戦争・テロ】
人間の判断と対応
原因と結果の"はざま"
災害の発生(結果)
災害の種類と程度
人的災害
居住災害
産業施設災害
インフラ災害
災害調査・復旧計画
復旧・復興
支援活動
災害復旧
災害復興
災害の連鎖の防止
二次災害
風評災害
治安の悪化
備蓄の活用
水・食料・エネルギー

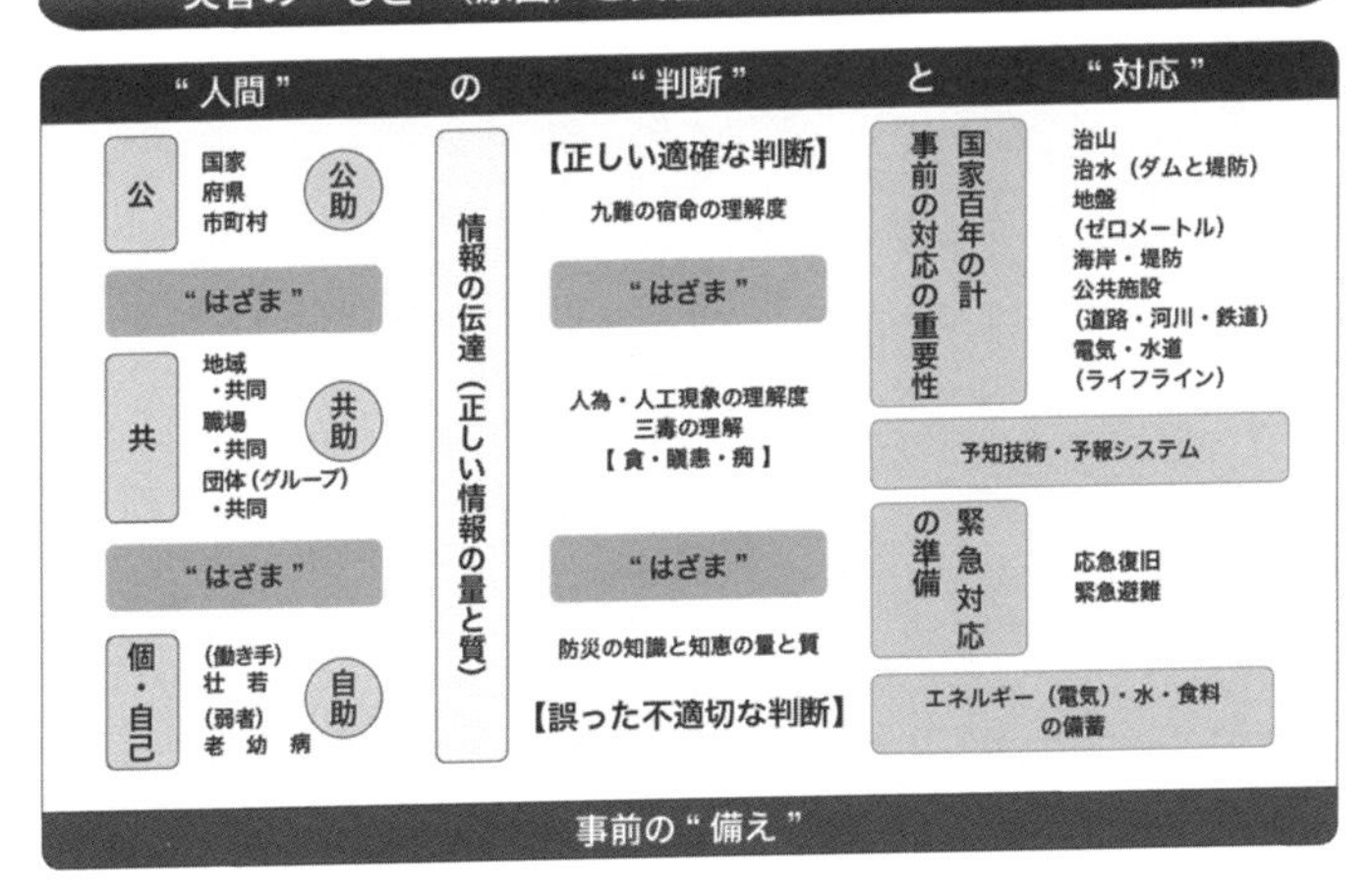
災害の"もと"(原因)と災害の発生(結果)の"はざま"
"人間"の"判断"と"対応"
公
国家
府県
市町村
公助
"はざま"
共
地域
・共同
職場
・共同
団体(グループ)
・共同
共助
"はざま"
個・自己
(働き手)
壮 若
(弱者)
老 幼 病
自助
情報の伝達(正しい情報の量と質)
【正しい適確な判断】
九難の宿命の理解度
"はざま"
人為・人工現象の理解度
三毒の理解
【貪・瞋恚・痴】
"はざま"
防災の知識と知恵の量と質
【誤った不適切な判断】
国家百年の計
事前の対応の重要性
治山
治水(ダムと堤防)
地盤
(ゼロメートル)
海岸・堤防
公共施設
(道路・河川・鉄道)
電気・水道
(ライフライン)
予知技術・予報システム
緊急対応の準備
応急復旧
緊急避難
エネルギー(電気)・水・食料
の備蓄
事前の"備え"

災害の原因と結果としての被害のはざま

災害の〝もと〟(原因)と災害の発生(結果)の〝はざま〟が重要なのである。

〝人間〟の〝判断〟とその〝対応〟と事前の〝備え〟がキーワードとなる。最近、自助、共助、公助という語が使われるようになった。いずれの語も基本的には正しい情報の量と質によって、正しい的確な判断になるか、誤った不適格な判断になるかが大幅に変わってくる。だからこそ、国家百年の計の事前の対応が一番重要なのである。

巨大災害の世紀に突入し、事前の備えとして一番重要なのは治山・治水・公共インフラ(道路・河川・鉄道)そして電気・水道等のライフラインの整備である。とりわけダム等治水施設は非常時の備えの最重要な基幹施設である。

政府は地震について、東海地震は予知できるといい、直前予知を目的とした判定会の法律までできた。だが、東日本大震災後は地震予知などできないのですべての予知研究はやめてしまえと言うようになった。しかし、その後の中央防災会議の報告書によれば、南海地震は必ずくる。臨時情報を出すので万全な備えをしろという。災害大国・地震大国としてあまりにも無責任ではないだろうか?

非常時の備えの基本はエネルギーと水と食料の備蓄であることを忘れてはならない。一つでもなくなると、文明は滅びる。

五訓シリーズ

水五訓・水五則

一、自ら活動して他を動かしむるは水なり
一、障害にあい激しくその勢力を百倍し得るは水なり
一、常に己の進路を求めて止まざるは水なり
一、自ら潔うして他の汚れを洗い清濁併せ容るるは水なり
一、洋々として大洋を充たし発しては蒸気となり雲となり雨となり雪と変じ霰と化し擬っては玲瓏たる鏡となりしかも其性を失わざるは水なり

水五訓は水の本質を見事に表現した誰しもが感心する名言中の名言である。旧建設省河川局長室に長年、有名な書道家・金子鴎亭氏による水五訓の書かれた額が掲げられていた。水の本性をこの如く見事に表現したのは一体、何者なのか？　長年謎だった。名軍師といわれている黒田如水ではないかと推測されていた。

何代か前の河川局長をされていた松田芳夫さんが中国文学者の高島俊男氏に調査を依頼した

ところ、雑誌『キング』の昭和四年二月号に掲載されていると探りあてた。これが初出であれば、著者の大野洪聲さんという方が水五訓をつくったということになるそうだ。

大地五訓

一、峩々たる山稜、荒涼たる砂漠、底知れぬ大海底、千変万化の様態を呈し、水循環・大気循環の舞台をつくるは大地なり

一、動かざる様態を呈しつつ、ある時は電光石火の如く、またある時は人知れず粛々と古きを新しきものにつくり変える過程を着実に刻むは大地なり

一、生命を育む万物に活動の場を与えその最後を受け入れる広き器あるは大地なり

一、太陽からのエネルギーを態を変え蓄積し奢ることなく人々に深き恵みを与えてくれるは大地なり

一、地球生誕四十六億年の歴史を偽ることなく克明に記録しそれを追い求める人々に、その度合に応じ、歴史の一コマ一コマをロマンに満ちた物語として語ってくれるは大地なり

水は大地を刻みながら流れる。水だけでなくそれを受ける大地のこともよくわかる必要がある。

大気五訓

一、生ある万物に生存空間と活動エネルギーを与えてくれるは大気なり

一、生ある万物に四季の変化を通じ、時の概念を教えてくれるは大気なり

一、あらゆる空間を充たし、森羅万象、天変地異の大気現象を律し、地球上の万物を守ってくれるは大気なり

一、人と人、人と自然との空間を充たし、あらゆる音情報を媒介し、文化の華を咲かせてくれるは大気なり

一、ある時は主となり、電撃的にまた、ある時は従となり、粛々と劫の時を経て、不動の大地をも変化させる強烈なポテンシャルを内に秘めているは大気なり

治水には水の本性(水五訓)、大地の本性(大地五訓)と共に、大気の本性(大気五訓)が重要である。

生類五訓

一、地球に生を受け人類の繁栄を支えると共に、人類に生あるものの尊厳の伝言を送り続けるは生類なり

一、あるときは個とし、またある時は種とし、群とし、自らの生存しやすい環境を求めると共に、環境変化に応じ自らを変化させる過程をたどるは生類なり

一、多くの種が極めて多様な様態を呈し、個性を主張しつつ、生態系の微妙な均衡にその種の存続を委ねているは生類なり

一、あるときは病原菌として人類を滅亡へと導かんとする、一方でそれに対する救いの神の役割を果たすは生類なり

一、深遠たる神秘を秘め、人類の英知のはるか及ばざる大自然の最大傑作、それが生類なり

治水には生態系の保全が重要な位置を占める。生類についての認識が問われて久しい。

環境五訓

一、あるときは因となり、また果となり、因果の律に法とり、融通無碍なる体を呈し、その恒常性を保とうとするは環境なり

一、極めて多様な様態を呈しつつ、互いに相依存しつつ、それに安定性を託するは環境なり

一、太陽の深き恵みを様々な形で吸収し、己の尽きせぬ活動の源とするは環境なり

一、縦横無尽に相関係しつつ、四次元空間に壮大にして無限の多重体系を構築するは環境なり

一、自他棲み分け、相補い、共に遷移の道に持続の歴史を刻むは、環境なり

風土五訓

一、五感で感受し、六感で磨き、その深さを増す内に秘めたる、地域の個性、地域の誇り、それが風土なり

一、そこに住む人々の深き思いに、思いの度合に応じ答えてくれ、他の地の者が違いを認知すればより光る。地域の個性、それが風土なり

一、地域の人々の心を豊かに育み、その地の文化の華を咲かせてくれる、鳳の羽ばたき、それが風土なり

一、永久の時の流れで形成され、自己の存在を認識させてくれる外界、自己了解のもと、自己の自由なる形成に向かわせてくれる外界、それが風土なり

一、そこに住む人々とその地が発し、人々の感性を揺り動かす、そこはかとなく漂う、ほのかなゆかしい波動、それが風土なり

水や大地・大気のみでなく、青山士が説くように、環境や風土との調和が重要である。

堰堤づくり五訓

一、ものづくりの実学の祖にして雄たる土木工学にありて数多の工種を集む総合土木の華、それが堰堤づくりなり

一、田畑、集落、都市に災いする激流・奔流を鎮め人々にとりて恵みの流れに変えるものづくり。それが堰堤づくりなり

一、数多の土木の工種が縦荷重の扱いを主とするに水圧なる巨大横荷重に抗するを求むる唯一のもの、それが堰堤づくりなり

一、様相万化の大地よりしかと岩が根を選びて岩着の心を旨とする、天下無双のものづくり、それが堰堤づくりなり

一、人智を究めし先端最新技術を集い匠の心眼・鈍重設計を求めるもの、それが堰堤づくりなり

治水の基本は〝ツツミ〟を築くことである。

ゲート五訓

一、大略は不動の態でもって機能を果たす、社会基盤施設の中にありて唯一動の態でもって機能を果たすものそれがゲートなり

一、巨大水圧に抗し開の態にて機能を果たすもの。それがゲートなり

一、大なる堤体にありて大ならざるもその役割機能は人体の心臓の如く枢要たるもの、それがゲートなり

『鋼製ゲート百選』

一、機械技術、土木技術等々、分派せし数多のものづくりの実学。工学の知恵の集いて設計さる総合工学の華、大地に座すものづくりの誉れ、それがゲートなり

一、八百万の土木施設ものづくりの海にありて、原点に復し、水の性を究め物を質し心眼にて設計するを技術者に求めるもの、それがゲートなり

おわりに

名言とは何か

名言に類する言葉に「格言」「箴言（しんげん）」「金言」「俚諺（りげん）」「警句」「アフォリズム（Aphorism）」等々がある。どれも微妙にニュアンスが違う。

まず「名言」は「人の心に残る言葉」「印象に残る言葉」「深い意味が秘められている言葉」「確かにそうだと感じられる言葉」「事柄の本質をうまくとらえた言葉」などと辞書に記されている。著名人による言葉やどこの誰がいったのかわからないような言葉もある。同じ「めいげん」でも「迷言」もある。「迷言」とは一見するともっともらしい名言のような雰囲気をまとっているが本質を誤っている言葉で、人々を誤った方向に導く言葉である。

「格言」や「金言」は人間の生き方、人生などの真髄をついて簡潔にいいやすく覚えやすい形にまとめられた言葉や短い言葉である。

多くの歴史上の有名人が多くの名言を残しているが、治水に関する名言をまとめたものは寡聞にして私は知らない。

これまでにない自然災害

平成二十三年の東日本大震災以降、毎年のように、これまでにないメカニズムの巨大災害に見舞われてきている。巨大災害の世紀に突入したようである。

スーパー台風・線状降水帯（バックビルディングの降雨）・爆弾低気圧・進路急転回台風・深層崩壊・同時多発現象等々、あまり耳馴染みのない気象用語が、しばしば聞かれるようになった。

平成三十年の西日本豪雨は広域線状降水帯によってもたらされた。令和元年の東日本豪雨は台風十九号によってもたらされた。これらの災害の軽減のために取り組むのが治水の仕事である。治水には、日本文明発祥以降、営々と先人が取り組んできている。その結果、これまでなかった巨大外力の割には死者等の被害は間違いなく減少してきている。これは先人の血のにじむ、命をかけた治水の成果だと思われる。まず先人に感謝しなければならない。その先人たちが後世に伝えたかったであろう伝言のうち一番多いのが、大自然現象・営為に対し人間の知恵や力は小さいので、謙虚に大自然に学べということではないだろうか。

風土工学と環境防災学への思い

「景観十年・風景百年・風土千年」。これは、私の風土工学を高く評価してくれた土木計画学の草分け佐佐木綱先生が教えてくれた名言である。「景観が損なわれる」という表現があるように、いずれ損なわれる運命のものが景観である。損なわれず残れば風景となる。さらに時間の経過と共にその地の人々の心象に融け込むと風土になる。機能一辺倒の土木の世界にも景観設計が必要といわれだしてきた。治水・土木は国家百年の計で設計するべきものである。何故いずれ損なわれる運命のものを目指すのか？　私の主張する風土工学は良好風土形成を目指すものなのである。

大自然災害は最大の環境破壊である。その災害を減らす防災・減災工事は環境保全の根幹なり。災害は自然の営為と人為の共同作品である。災いは人間の無知と邪心等により無限に増幅してゆく。災いの連鎖である。

竹林征三著『環境防災学』

土木・治水は元々、誇りうる豊かな安心・安全社会をつくるための実学。機能一辺倒の追求の結果、心豊かな誇りうる地域が実現してこなかった。従来の土木に、心の科学と風土の研究を付加する、文理融合の本来の土木への回帰が求められている。土木工学と風土学（地理・歴史・民俗学等）と美学の融合。その接着剤が心の科学と仏教哲学である。

治水とは水害から人々を守る知恵である。

謝辞

本書『治水の名言』をまとめるきっかけになったのは、令和元年六月に放送されたＮＨＫラジオ番組「私の日本語辞典」である。秋山和平アナウンサーが「先人が遺した治水の名言に学ぶ」と題して、拙著『物語 日本の治水史』の内容を取り上げてくれたことによる。『物語 日本の治水史』は、高橋裕先生から出版を強く勧められ、鹿島出版会の橋口聖一さんに発刊の労をとっていただいた。今回もその縁でお世話になった。橋口さんの後任の相川幸二さんにも大変お手数をおかけしました。その他、多くの方からご支援いただいた。ここに深く御礼申し上げます。

二〇二〇年五月

関連用語一覧

治水の用語に学ぶ

先人が遺した治水の名言から学びたいのが、洪水・豪雨などの自然現象に対し、堤防や水防工法などにどのような名前を付けていたのかという点である。名前はそのものに対する認識を表している。川ごとに違う用語が用いられ、川相不二であるが、それぞれの川において、どのように区分けをして名前を付けたのかをみてみたい。

その土地ならではの命名

・ハゲシバリ

明治の始め田上山（滋賀県）は完全な禿山であった、先人達は大変な知恵と情熱を結集し百年の歳月をかけて漸く緑の山を蘇らせた。幾度もの失敗を重ね、ようやく土壌が流出した禿山にも根付くヒメヤシャブシを発見したのである。これをハゲシバリと命名したのは、西川作平、ヒメヤシャブシの播種培養・育苗に道を拓いた籠池藤兵衛等である。ハゲシバリとは素晴しい命名である。

・カミソリ堤

一般的には昭和三十二年から昭和五十年にかけて隅田川などで整備された、高さ三〜四メートルほどの直立したコンクリート製高潮堤防のことをいう場合が多い。カミソリは薄くてよく切れることから、断面が薄い堤防もカミソリ堤といわれることがある。堤の形状を実にイメージしやすい命名である。

・綿埋（わとうづみ）

長野県佐久の五郎兵衛用水。浅間山の火山灰土の透水性の高い地帯に水路を延長していくために、土地を掘り、真土土俵で水路をつくり、その中に下層から枝葉工法で土を突き固め、導水路樋をつくり、それに左官が藁を漉き込むように真綿を敷き込み不透水層をつくった。

・つき堰（土樋）

佐久五郎兵衛用水の苦心策。盛土の上に水路をつくった。

各地で異なる治水用語いろいろ

・決壊口

利根川・小貝川→「決壊口」。　江戸川→「押掘り」「落ち掘り」。　荒川→「切れ所」。

淀川→「絶間（たえま）」。

・堤防林

富士川→「万力林」。　常願寺川→「殿様林」。

・小千谷市の古文書にみる洪水の規模

「出水」→信濃川の川幅が百間くらい。　「増水」→百間から二百間。

「洪水」→二百間から三百五十間くらい。「満水（まんすい）」→さらに超えて四百間、五百間以上。

・降水継続期間による区別

「霈雨」→三日以下の降雨、恵みの雨。　「霖雨」→十日くらい降り続く。

「霪雨」→十日以上の記録的豪雨。

・水防用建物盛土・助命壇

荒川中下流・利根川中下流→「水塚（みずか）」。　多摩川→「倉屋」。

濃尾輪中・筑後川→「水屋」。　信濃川→「水倉」。　淀川→「壇蔵」「段倉」。　木津川→「郷倉」。

大和川（奈良）→「御倉（ごくら）」。　北上川下流→「水山」「水屋」。　吉野川・肱川→「高石垣」。

庄内川→「ズシ二階屋敷」

・態と切り

淀川→「態と切り」。　木曽川→「乙澪切り」。　新潟→「自主決壊」

・囲み堤・輪中・曲輪・輪の内

荒川→「総囲提」。　木曽川→「輪中」。　淀川→「畷・縄手」。「なわて」とは道路を兼ねた小堤防→「輪道」「和道」、水害防除の堤防の役割があるもの、道路のイメージが強い。

・川の流れに直角な堤防

荒川→「横堤」。　庄内川→「猿尾」。

・備蓄芋（備蓄食料）

「寺田芋」→城陽市の大蓮寺 島利兵衛。　「昆陽芋」→青木昆陽。　「清太夫芋」→中井清太夫。

「じゃガタラ芋」→甲府代官・中井清太夫。

・洪水時には渡れない橋

荒川→「冠水橋」（反対語「抜水橋」）。　四万十川→「沈下橋」。　京都→「潜没橋」。

吉野川・那賀川→「潜水橋」「潜り橋」。　錦川→「水中橋」。　大分→「沈み橋」。

岡山→「流れ橋」。　福岡、那珂川（筑紫耶馬渓）→「ずぶいり橋」。

・上げ舟　　関東東北では「揚げ舟」「用心舟」「出水舟」

・上げ仏壇　　浸水常襲地帯では、洪水時に仏壇をすぐに二階へ引き揚げる仕掛けがつくられていた。

日本特有の河川、治水関連の用語

・天井川、フライングリバー　　天井川は日本特有　　フライングリバーは和製英語

・環濠集落　大和郡山市稗田町等→寺内町（本願寺）
・堤防の部位の名称あれこれ　堤内地・堤外地・天端・犬走り・表小段・裏小段
・堤防のいろいろ　堤・横堤・導流堤・背割堤・越流堤（城原川の野越し）・逆流堤・高水敷・低水路
・水制・護岸のいろいろ　ケレップ水制・大聖牛（中国では馬）・蛇篭・そだ沈床・枠出し・棚牛・笈牛
・遊水地のいろいろ　轡塘（くつわども）・雁堤（かりかねつつみ）
・河川の名前　江（揚子江）・河（黄河）・放水路（旧河川と新河川）
・山地崩壊の名称　山抜け・蛇抜け・山潮・山津江・づゑぬけ・山津波・土石流・山のげ（新潟）・大ノケ（地すべり）
・農業土木用語にみる治水関連用語
「頭首工」→取水堰。　「掛渡井」→水路橋。　「伏せ越し」→逆サイフォン。

「元圦」→取水口。　「圦守」→水門番。　「通船掘り」→閘門式運河。　「水盛」→水準器。

「目論見」→計画。　「築立て」→築堤・盛土。　「ゆる」→樋
・潜穴（くぐりあな）　治水排水トンネル（特に盆地の内水排除トンネルで他流域に放水するもの）「穴堰」
・掘貫　トンネルのこと
・『百姓伝記』による築堤材料の種別

「上」→ねば土・へな土。「二番」→小石まじりの真土。「三番」→砂まじり真土。

「四番」→小石・小砂。「用いては堤たもつことなし」→黒ぼく土・ぼう砂

・普請　土木のこと

・作事　建築のこと

・川除　治水のこと

三大……

・三大急流と暴れ天竜　富士川（最高標高の山から駿河湾へ）、球磨川（球磨川四十八瀬）、最上川（芭蕉の句「五月雨を集めてはやし最上川」）

・最上川三難所　碁点、三ヶ瀬、隼

・河川規模を譬えて　坂東太郎（利根川）、筑紫二郎（筑後川）、吉野三郎（吉野川）

・関東三大堰　福岡堰（つくばみらい市）、岡堰（取手市）、豊田堰（竜ヶ崎市）

・水戸三大堰　岩崎堰、辰の口堰（久慈川）、小場江堰（那珂川）

・筑後川三大堰　大石堰、山田堰、恵利堰（床島堰）、その他のものを挙げられる場合も

・木曽三川　木曽川、長良川、揖斐川

・河川法三目的　治水、利水、環境

・風土工学三視座　知水、敬水、馴水

水防工法

・深掘れ対策工　木流し工、竹流し工、シート張工

・漏水対策工　月の輪工、釜段工

・越水対策工　積み土嚢工、堰板工

・亀裂対策工　篭止め工、折り返し工、五徳縫い工

・決壊対策工　築廻し工

参考文献

・「先人が遺した治水の名言に学ぶ――私の日本語辞典」竹林征三『風土工学だより』第68号、風土工学研究所、二〇一九年
・「明治維新150年と治水の歴史（第1話～第46話）」竹林征三『日刊建設工業新聞』連載（平成三〇年三月～平成三一年一月）
・『ダムと基礎の設計技術の伝承――柴田功氏を偲ぶ』編纂委員会、二〇一九年
・『環境五訓・風土五訓物語』竹林征三、ツーワンライフ、二〇一八年
・『淀川水風土誌』淀川河川事務所、二〇一八年
・『実務者のための水防災・減災ハンドブック』那賀川・桑野川大規模氾濫に関する減災対策協議会、二〇一八年
・『第6回全国禹王サミットin富士川（二〇一七年一〇月七日開催）報告書』基調講演「禹之瀬と禹王と信玄――禹之瀬開削三十周年」竹林征三、富士川町教育委員会、二〇一七年
・『物語 日本の治水史』竹林征三、鹿島出版会、二〇一六年
・『風潮に見る風土』竹林征三、ツーワンライフ、二〇一六年
・『絵本・榎並八箇洪水記』大野正義編・発行、二〇一五年（原本『絵本・榎並八箇洪水記』小橋屋長谷川卯兵衛著、享和二年）
・『風土に刻された災害の宿命――近畿は災害と防災のルーツの地』竹林征三、近畿建設協会、二〇一四年

・『ダムと基礎・メモ帳：平成25年8月』柴田功、アイ・ディー・エー、二〇一四年
・『土木技術者の気概』高橋裕、鹿島出版会、二〇一四年
・『桜島噴火記——住民ハ理論ニ信頼セズ…』柳川喜郎、南方新社、二〇一四年
・『那賀川流域風土誌』那賀川河川事務所、二〇一四年
・『追悼神は細部に宿り給う』日本地名研究所編、二〇一四年
・『地名は警告する——日本の災害と地名』谷川健一編、冨山房インターナショナル、二〇一三年
・『治水神——禹王をたずねる旅』大脇良夫・植村善博、人文書院、二〇一三年
・「公共事業の政治経済学」池上惇、高崎経済大学論集 第54巻 第4号、二〇一二年
・『ダムと堤防』竹林征三、鹿島出版会、二〇一一年
・『蹴裂伝説と国づくり』上田篤・田中充子、鹿島出版会、二〇一一年
・『哀史・三陸大津波』山下文男、河出書房新社、二〇一一年
・「水五則、その由来について」松田芳夫、『河川』平成二一年七月号、日本河川協会、二〇〇九年
・『ダムは本当に不要なのか』竹林征三、近代科学社、二〇〇八年
・『水陸万頃の大地・みずの・いさわ風土記』胆沢ダム工事事務所、二〇〇七年
・『加藤清正 築城と治水』谷川健一、冨山房インターナショナル、二〇〇六年
・『昭和二八年 有田川水害』藤田崇・諏訪浩、古今書院、二〇〇六年
・『大河津分水双書 資料編 第1巻 横田切れ』五百川清、北陸建設弘済会、二〇〇一年
・『大河津分水双書 資料編 第2巻 水の思想』五百川清、北陸建設弘済会、二〇〇三年

・『土木のこころ』田村喜子、山海堂、二〇〇二年
・『ゲート百選』水門の風土工学研究委員会、技報堂出版、二〇〇〇年
・『国土を創った土木技術者たち』国土政策機構、鹿島出版会、二〇〇〇年
・『現場技術者のための土工事ポケットブック』竹林征三・田代民治・本庄正史・吹原康広、山海堂、二〇〇〇年
・『水土を拓いた人々』農業土木学会、農山漁村文化協会、一九九九年
・『景観十年風景百年風土千年――21世紀に遺す』佐佐木綱・巻上安爾・竹林征三・広川勝美・神尾登喜子、蒼洋社、一九九七年
・『甲斐路と富士川』竹林征三、土木学会山梨会、一九九六年
・『農民の心で――一生を貫いた大政治家杉田定一先生』笠島清治、杉田鶉山翁遺徳顕彰会、一九九六年
・『河流創造――治水史探訪・川といきる』栗本鉄工所編、出版文化社、一九九三年
・『鹿児島の土地改良記念碑』鹿児島土地改良事業団体連合会、一九八九年
・『水利の開発に尽くした人々』桂重喜、香川用水土地改良区、一九八八年
・『改訂増補 日本老農伝』大西伍一、農山漁村文化協会、一九八五年
・『治水の歴史をたずねて――琵琶湖疏水にまつわる散歩道』琵琶湖工事事務所、一九八五年
・『京都インクライン物語』田村喜子、新潮社、一九八二年
・『広島県の溜池と井堰――土地に刻まれた歴史と人物』渓口誠爾・花谷武、たくみ出版、一九七六年
・『讃岐のため池』四国新聞社、美巧社、一九七五年
・『戸出町史』高岡市戸出町史編纂委員会編、高岡市戸出町史刊行委員会、一九七二年

- 『讃岐の池と水――溜池の発達を中心として』桂重喜、香川県郷土読本刊行会、一九六二年
- 『内務省直轄土木工事略史・沖野博士伝』真田秀吉、旧交会、一九五九年
- 『ＴＶＡ――民主主義は前進する』Ｄ・Ｅ・リリエンソール著・和田小六訳、岩波書店、一九四九年
- 『日本風景誌』脇水鉄五郎、河出書房、一九三九年
- 『治水工学』宮本武之輔、修教社書院、一九三六年
- 『地質工学』渡邊貫、古今書院、一九三五年
- 『濃飛偉人伝』岐阜県教育会、一九三三年
- 『淀川治水誌』武岡充忠、淀川治水誌刊行会、一九三一年
- 『贈従五位 廣瀬久兵衛伝』廣瀬正雄著作兼発行、一九二九年
- 『治水論 全』西師意、清明堂、一八九八年
- 『隄防溝洫志 全四巻』佐藤玄明窩翁、有隣堂、一八七六年
- 「嘉瀬川流域風土記」等、全国各地の「風土誌」「風土絵地図」風土デザイン研究所編
- 『開墾治水功労者沢田清兵衛』西礪波郡教育会編
- 『琵琶湖疏水略誌』京都市電気局、昭和一四年四月九日
- 『五郎兵衛用水を歩く』五郎兵衛記念館編
- 『大和川風土読本』大和川河川事務所
- 『環境防災学』竹林征三、技報堂出版、二〇一一年

【ら】

【わ】

【な】

【は】

【ま】

【や】

【さ】

【た】

索引

著者
竹林征三
たけばやし・せいぞう

一九六七年　京都大学工学部土木工学科卒業
一九六九年　京都大学大学院修士課程修了、建設省入省
　　　　　　琵琶湖工事事務所長、甲府工事事務所長等を経て
一九九一年　建設省土木研究所ダム部長、環境部長、地質官を歴任
一九九七年　財団法人土木研究センター風土工学研究所所長
二〇〇〇年　富士常葉大学環境防災学部教授、付属風土工学研究所所長
二〇〇六年　富士常葉大学大学院環境防災研究科教授（兼務）
二〇一〇年　富士常葉大学名誉教授
工学博士、技術士（建設環境・河川砂防及び海岸）

――主な著書
『風土工学序説』、『風土工学の視座』、『ダムのはなし』、『続ダムのはなし』、
『環境防災学』（いずれも技報堂出版）
『甲斐路と富士川』（土木学会・山梨会）
『東洋の知恵の環境学』（ビジネス社）
『湖国の「水のみち」』（サンライズ出版）
『ダムは本当に不要なのか』（ナノオプトニクス・エナジー出版局）
『ダムと堤防』『物語 日本の治水史』（鹿島出版会）　など多数

――主な受賞
一九九三年七月　建設大臣研究業績表彰
一九九八年四月　科学技術庁長官賞第1回科学技術普及啓発功績者
一九九八年六月　前田工学賞第5回優秀博士論文賞
二〇〇三年七月　国土交通大臣建設功労者表彰
二〇一四年四月　瑞宝小綬章受章
二〇一五年七月　日本水大賞特別賞受賞　など多数

治水の名言
水災害頻発、先人の知恵に学ぶ

発行　二〇二〇年七月二〇日　第一刷

著者　竹林征三
発行者　坪内文生
発行所　鹿島出版会
　　　　一〇四-〇〇二八　東京都中央区八重洲二-五-一四
　　　　電話　〇三（六二〇二）五二〇〇
　　　　振替　〇〇一六〇-二-一八〇八八三

組版・装丁　高木達樹
印刷・製本　三美印刷

ISBN978-4-306-09451-2　C3051　Printed in Japan

本書に関するご意見・ご感想は左記までお寄せください。
URL　　http://www.kajima-publishing.co.jp
E-mail　info@kajima-publishing.co.jp